流行饰品设计

闫黎 | 编著

U0196734

全国百佳图书出版单位

化学工业出版社

· 北 京 ·

本书共分为10章。分别介绍了流行饰品的概念与分类、流行饰品的产生和演变、流行饰品设计的美学规律、流行饰品设计的要素和创意设计方法、流行饰品与服装的关系，以及常用的流行饰品材料（如合金类、皮革类、木材类、陶瓷类及其他材料）及设计方法等。书末附有附录，介绍了一些流行饰品类的时尚品牌，以供读者参考。

全书内容丰富，图文并茂，既可作为大、中专珠宝首饰类专业学生相关课程的教材或教学参考书，也可供广大流行饰品行业从业人员及饰品爱好者阅读参考。

图书在版编目（CIP）数据

流行饰品设计/闫黎编著． —北京：化学工业出版社，
2019.6（2024.2重印）
ISBN 978-7-122-34049-8

Ⅰ．①流…　Ⅱ．①闫…　Ⅲ．①首饰-设计　Ⅳ．①TS934.3

中国版本图书馆CIP数据核字（2019）第043935号

责任编辑：邢　涛　　　　　　　　　　文字编辑：谢蓉蓉
责任校对：张雨彤　　　　　　　　　　装帧设计：韩　飞

出版发行：化学工业出版社（北京市东城区青年湖南街13号　邮政编码100011）
印　　装：北京宝隆世纪印刷有限公司
710mm×1000mm　1/16　印张10½　字数161千字　2024年2月北京第1版第5次印刷

购书咨询：010-64518888　　售后服务：010-64518899
网　　址：http://www.cip.com.cn
凡购买本书，如有缺损质量问题，本社销售中心负责调换。

定　　价：59.80元　　　　　　　　　　　　　　版权所有　违者必究

前 言
PREFACE

随着现代科学技术的不断发展，人们生活水平的不断提高和文化观念的不断更新，人们佩戴首饰的观念也发生了很大的变化，购买首饰不再是为了保值，而是为了搭配造型、彰显个性，饰品已在人们的整体着装效果中，起着不可替代的作用，传达了佩戴者的喜好与个人风格。流行饰品逐渐兴盛，行业也正以前所未有的速度快速发展。将现代艺术表现手法融入流行饰品设计中，已成为流行饰品行业发展的重要趋势，也是时尚潮流中不可或缺的重要组成部分。

在本书即将付梓出版之际，非常感谢广州番禺职业技术学院珠宝学院教师对本人的支持和帮助，在初稿成文后，王昶教授拨冗审读了书稿全文，并提出了许多有益的建议和修改意见。书中手绘类图片源自教学中积累的学生作品，在此向上述图片的原作者，表示衷心的感谢，丰富的图片使本书的内容更加生动。

由于作者水平有限，书中不妥之处，敬请读者不吝指正。

闫黎

2018-12-10

目 录
CONTENTS

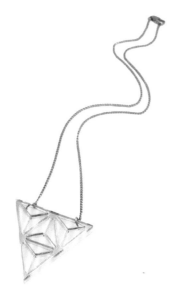

第一章

流行饰品

图1-1　Darry Ring戒指

图1-2　Sartoro项链

　　传统观念中首饰被视为一种可望而不可即的奢侈品，而传统首饰的材料一般都是采用贵重金属和精美宝石制造，它以高昂的材料价值向人们展示着拥有者的权力、地位和财富（图1-1、图1-2）。这样极大地限制了首饰进入平常人的生活，同时也不可避免地表现出单调和呆板。随着现代科学技术的不断发展，人们生活水平的不断提高和文化观念的不断更新，传统的观念也正在发生着深刻的变化，人们开始追求自己的个性和喜爱。首饰作为富贵、权力的传统标识作用，也正在逐渐减弱。人们选择佩戴首饰，已由注重保值观念发展成为更多地追求首饰的个性化，强调首饰的艺术性以及随心所欲地改变首饰的形式，以满足自我需要（图1-3，图1-4）。材料是否名贵，已不是最重要的。在这种需求的推动下，流行饰品悄然兴起，且发展潜力巨大。

图1-3　Sartoro手镯　　　　图1-4　Moritz Glik耳坠

第一节

流行饰品的概念与分类

一、流行饰品的概念

所谓流行饰品就是款式新奇，容易为消费者所接受，并迅速传播和盛行一时的首饰，英文名称为"Fashion Jewelry"。自20世纪以来，由于现代工业化的技术和生产方式，逐步引入了首饰行业，使得流行饰品行业日趋兴盛。流行饰品的特性是时间性强，每隔一段时期就会流行一种元素或款式。流行饰品偏重设计元素，追求款式新颖而富有时代感，是服装造型必不可少的配搭品。

二、流行饰品的功能

流行饰品逐渐被推广并应用于商业活动中，最初是以配饰的形式出现的。近年来，时装界纷纷将名贵的天然珠宝和廉价的流行饰品巧妙地结合起来与时装搭配，混合穿戴，使流行饰品的地位逐步提高。流行饰品种类、款式繁多，大大地超过了传统意义上的珠宝首饰，它们同服装一起表达人们需要传达的信息。流行饰品消费群体广泛，尤其受到年轻女性的青睐，拥有几件时尚首饰已成为她们日常生活中装饰的必需。由于流行饰品在材料工艺、佩戴方式等方面的大胆尝试，加上其广阔的市场空间，因此运用范围不断扩大。流行饰品的功能和佩戴方式，随着人们的要求不同、场合不同、职业不同、年龄不同，而不尽相同。

1. 流行饰品的装饰功能

装饰是人类特有的艺术天赋，用美丽的事物装饰自身是人类的本能，通过适当合理的装饰，能使人的外观形象更为鲜明。流行饰品的作用，主要是为了满足自身穿着服装时候的装饰作用，以达到自身心理上的美化需求和个性与品

图1-5　Versace

图1-6　Chloe

位的体现。作为服装的"点睛之笔",更能增加服装的可欣赏性和完整性(图1-5、图1-6)。西装是很多女性职场中的必备穿着,西装的行头大体上都是一致的,且颜色以沉稳单色为多。要想脱颖而出,配饰的点缀作用显得十分重要,会让人更显魅力、更具个性。图1-7中女士穿的黑色西装,显得单调沉闷,但胸前佩戴一枚造型别致的金黄色胸针后,既能保持职场人员的严肃性,又能在一定程度上缓解紧张的气氛。而以度假风为主题的时尚穿戴悄然兴起之时,慵懒又舒适的度假服饰,深深地打动年轻少女的心。波西米亚长裙和宽边遮阳帽,再配上色彩鲜艳、几何造型的耳坠,随意而时尚,简约而精致(图1-8)。

图1-7　Roksanda

图1-8　Forte forte

2. 流行饰品的社会功能

不同历史时期的文化、科技、工艺水平，对饰品产生了深刻的影响，这种影响必然表现在艺术性、工艺性、装饰性等方面的变化。在古代，饰品是权力、地位、财富的象征。一些原始部落的首领，会用各种头饰、涂彩或者权杖，来凸显自己的权力与地位（图1-9、图1-10）。在中国封建社会的官场，官员的帽子上会插上不同的"花翎"，胸前会佩戴质料不同的朝珠以代表官员的等级（图1-11、图1-12）。在现代社会，饰品也常用来显示一个人的经济能力和社会地位。

图1-9　非洲部落成员佩戴的首饰（一）

图1-10　非洲部落成员佩戴的首饰（二）

图1-11 清代的朝珠

图1-12 清代的顶珠

3. 流行饰品的实用功能

具有时钟功能的戒指表、耳环表，睡前可以调好闹钟，起床时间会有音乐响起。钛金属项链、磁疗耳环等，具有促进血液循环的保健作用。现今流行的智能穿戴饰品，可以跟踪佩戴者的运动、睡眠和血压，以提供完整的健康资讯。时尚智能饰品（图1-13、图1-14）除了可以监测佩戴者的生活、运动资讯外，和手机通过蓝牙进行连接后，佩戴者可将生活中感动的瞬间、珍视的回忆，以图文、音频、视频的形式一键存入到首饰中。每当想回忆过去的美好时光时，只需轻击首饰，回忆就会伴随着首饰闪光，呈现在手机屏幕上。

图1-13 TOTWOO智能吊坠、手镯

图1-14 仕戴智能手表

三、流行饰品的分类

现代饰品丰富多彩，琳琅满目。饰品分类的标准很多，但最主要的是按装饰部位、材料、工艺技法等来划分。

1. 按装饰部位来分

流行饰品与时尚紧密结合，时尚常常是通过饰品的展示来表现。所以装饰人体的部位，已经不再局限于传统的手指（戒指）、手腕（手镯、手链）、脖子（项链）、耳朵（耳钉、耳环、耳坠）及胸部（胸针），而是随心所欲地发展到人体的各个部位，如专为装饰肚脐设计的脐环、与服装相搭配的肩饰、点缀眉毛的眉戒等。流行饰品的外形和尺度，也不再拘泥于传统的式样，如戒指中出现了双指戒、关节戒、造型硕大且极富艺术性的颈链项圈等。

（1）头饰。主要指用在头发四周及耳、鼻等部位的装饰。具体可以分为如下几种。

头饰：发箍、发圈、发夹等（图1-15～图1-17）。

耳饰：耳坠、耳环、耳钉、耳罩等（图1-18～图1-20）。

鼻饰：鼻环，鼻针等（图1-21、图1-22）。

图1-15　发箍

图1-16　发圈

图1-17　发夹

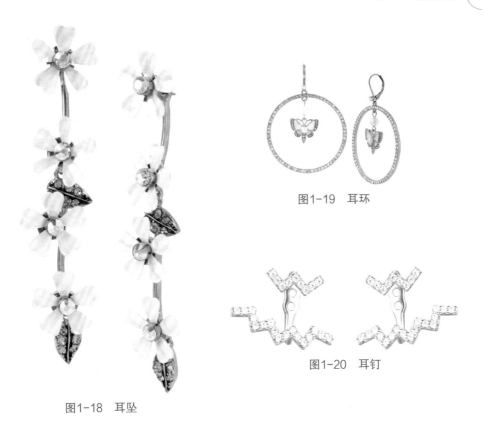

图1-18　耳坠

图1-19　耳环

图1-20　耳钉

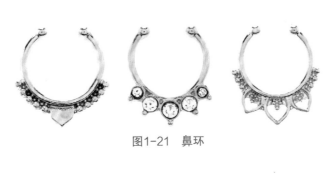

图1-21　鼻环

图1-22　鼻针

（2）胸饰。主要是用在颈、胸背、肩等处的装饰。具体可以分为如下几种。

颈饰：项链、项圈、毛衣链等（图1-23～图1-25）。

胸饰：胸针、胸花、胸章等（图1-26～图1-28）。

腰饰：腰链、腰带等（图1-29、图1-30）。

图1-23 项链

图1-24 项圈

图1-25 毛衣链

图1-26　胸针

图1-27　胸花

图1-28　胸章

图1-29　腰链（一）

图1-30　腰链（二）

（3）手饰。主要是用在手指、手腕、手臂上的装饰。包括：手镯、手链、戒指、臂环、指环等（图1-31～图1-34）。

（4）脚饰。主要是用在脚踝、大腿、小腿的装饰。包括：脚链、脚镯等（图1-35、图1-36）。

图1-31 手镯

图1-32 手链

图1-33 戒指

图1-34 臂环

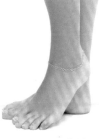

图1-35 脚链

图1-36 脚镯

2. 按材料特点来分

与传统珠宝首饰不同的是，流行饰品不受材质所限，选择的范围更加广泛。随着人们物质文化生活水平的不断提高，审美观念的不断变化，逐渐意识到佩戴首饰的目的不仅仅是展示其本身的精美和豪华，而是作为一种附属物与人相融合，与服装相搭配。在这种思想的指导下，流行饰品的选材突破了传统的首饰材料，取而代之的是大量新材料的广泛使用。

（1）金属类。包括贵金属，其中可细分为：黄金（如18K、14K、9K等）和白银（如纯银、925银等）。此外，还有：不锈钢、锌合金、铜及其合金和锡合金等（图1-37～图1-40）。

图1-37　银原料

图1-38　铜原料

图1-39　锡原料

图1-40　不锈钢原料

（2）非金属类。主要包括：皮革、编绳、羽毛类；亚克力、树脂类；动物骨骼（象牙、牛角、骨等）、贝壳类；木材类等（图1-41～图1-46）。

图1-41 皮革原料

图1-42 编绳原料

图1-43 羽毛原料

图1-44 亚克力原料

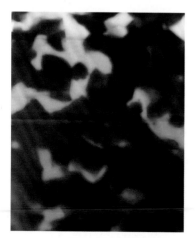

图1-45 树脂原料

图1-46 贝壳原料

（3）宝玉石及各种彩石类。具体可分为如下几种。

高档宝玉石类：钻石、优质翡翠、红（蓝）宝石、祖母绿、猫眼、优质珍珠等。

中档宝玉石类：海蓝宝石、碧玺、天然锆石、尖晶石等（图1-47、图1-48）。

低档宝玉石类：黄玉、水晶、玛瑙等（图1-49、图1-50）。

（4）玻璃、陶瓷类。软陶、琉璃等（图1-51、图1-52）。

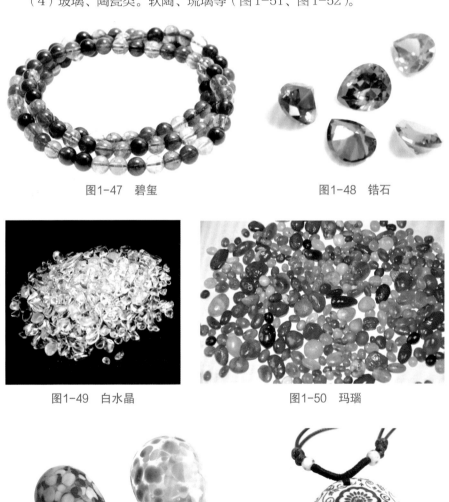

图1-47　碧玺　　　　　　　　　　　图1-48　锆石

图1-49　白水晶　　　　　　　　　　图1-50　玛瑙

图1-51　玻璃　　　　　　　　　　　图1-52　陶瓷

3. 按工艺技法类分

流行饰品的工艺处理方式多样，且更加个性化。除了传统的抛光、镶石等手段外，还会根据主题的需要、材料的特点，新增很多不同的工艺处理方法，以更好地表达作品的创意，常用的方法包括：电镀、彩绘、滴胶、仿古、着色、珐琅等，大大地丰富了流行饰品的装饰工艺效果（图1-53～图1-55）。

图1-53　电镀工艺

图1-54　滴胶工艺

图1-55　珐琅工艺

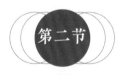

第二节

流行饰品的产生和演变

饰品，是人类美化生活、装饰自身的艺术品，人类佩戴饰品究竟源于何时，恐怕很难精确地考证。但是，从人类开始意识到饰品可以装饰、美化自身起，就开启了一个新时代。有了饰品的装扮、点缀和衬托，人们的生活变得更加五彩斑斓。

一、饰品的起源

对于饰品起源的探讨，是探求饰品功能作用的形成、发展及饰品材料、工艺演变过程的基础和前提，它对指导饰品设计、加工趋势具有一定的理论意义。人类最原始的饰品，大概可以追溯到遥远的石器时代。关于饰品的起源和用意，历来都有多种不同的说法，但归纳起来，主要有：功能说、生存说、美化说三种。

1. 功能说

在原始社会，人类为了生存的需要，在同大自然进行抗争的过程中，为了保护自己不被猛兽所伤害，常常把兽皮、犄角等东西佩挂在自己的头上、胳膊上、手腕上或脚上。一方面是为了把自己装扮成猎物的同类，以迷惑对方；另一方面，这些兽皮和犄角本身，也可作为一种防御或攻击的武器。骨针是从旧石器时代晚期开始出现的一种工具，一直延续到新石器时代，并在商周时期普遍使用。骨针的出现是人类步入文明社会的重要标志之一，也是项饰最初的雏形（图1-56）。那些挂在脖子、腰围或手腕上的小砾石、小动物骨头或兽齿，除了人类最早的无意识的装饰行为外，最主要的用途则是各种生产过程中的工具，或者是用于计数、记事的工具。但是随着生产力的不断提高，这些生产工具的实用性则不断减退，而装饰性逐步增强（图1-57）。

图1-56 骨针

图1-57 刮削器

2. 生存说

生存说是从原始人的精神世界入手，分析了在原始社会精神文化中对"灵物"的崇拜和禁忌，以及如何利用超自然力庇护人类，使人类生活得更好。

日月星辰，风雨雷电，这些本来都是普通的自然现象。但在原始人看来，这些东西都具有某种神奇的力量。原始人与大自然朝夕相处，与太阳、月亮、星星、河流、树木以及飞禽走兽相依为伴，他们非常崇拜这些自然界赐予他们生存的物质。久而久之，这些物质深深地印记在他们的脑海中，通过各种艺术形式表现出来，渐渐形成了独特而神奇的艺术形式——原始图腾。人们把它视为自己的祖先或者保护神；或者看作是本氏族、本部落的血缘亲属而加以膜拜。原始人类通过巫术来祈求与上天的沟通，一开始，人类为了使这些图腾能够保护自己，就将自己同化于这些图腾。久而久之人们把这些图腾融入自己的饰品中，把饰品做成这些图腾的形象或形状，如像太阳、满月一样的圆形手镯、戒指；像鸟形状的冠、发束等。而饰品的发展则正是在人类的巫术活动中和在这种巫术思想指导下，逐渐萌生并在人们的思想中不断加以固化，而渐趋根深蒂固。苗族的银饰给人留下十分深刻的印象，只要人们一提起苗族就会联想到银饰，苗谚有曰："无银无花不成姑娘，有衣无银不成盛装。"苗族虽然没有文字，但有银饰世代相传，银饰中储存着民族的记忆，因此苗族的银饰被誉为"穿在身上的历史"，其中大量出现龙、凤、麒麟、蝙蝠、鱼等图案，这些图案都象征着美好和吉祥（图1-58、图1-59）。图腾和吉祥图案的纹饰、造型、色彩，均可运用于现代饰品设计中，在传统的纹饰图案中，添加部分现代设计元素，可使作品既具有现代艺术特色，又具有东方特有的韵味（图1-60、图1-61）。

图1-58 苗族银饰（一）

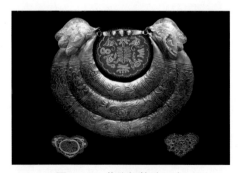

图1-59 苗族银饰（二）

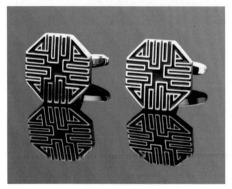

图1-60 图腾图案袖扣

图1-61 图腾图案手链

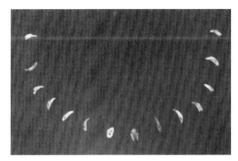

图1-62 兽牙项链

图1-63 饰珠与赤铁矿

3. 美化说

美化装饰是人类物质生活发展到一定阶段、审美意识觉醒后的产物。即通过对人体特殊部位的装饰、自我炫耀，以吸引异性关注。

在原始社会时期，人们就把兽骨、兽齿、贝壳穿起来挂在颈间，把鸟类美丽的羽毛插在头上，形成了最早的饰品。这些饰品的形态，反映了人类文明早期朦胧的装饰意识，反映了当时人类的文化状况和审美情趣，从中我们可以感受到先民们的原始审美思想和人类审美意识的启蒙。

在物质条件十分简陋的原始社会，人类要向大自然索取食物，战胜凶猛的野兽，无疑是需要勇气和力量的，只有最勇敢的猎人和英雄才能战胜猛兽。所以这些勇敢者往往喜欢将自己狩猎得到的战利品装饰在身上，如美丽的羽毛、猛兽的牙齿、难得的贝壳，乃至贵重的玉石等作为象征的标志，以显示、炫耀自己的力量和权威（图1-62、图1-63）。

二、饰品的发展趋势

中国饰品的发展，经过了历代王朝的演变，具有自己独特的艺术风格。早在旧石器时代，饰品就以项饰、腰饰、臂饰等形式出现了。夏商时期的饰品制作已经非常精美，有了尊卑贵贱之分。秦汉时期女子饰物衍生出众多品类，以发饰的变化最为突出。唐朝时期的饰品既继承了秦汉的冠服制度，又开启了

图1-64　金钗

图1-65　点翠耳坠（清代）

图1-66　Moussy耳坠

图1-67　Moussy耳饰

后世新的服制形式，在中国历史上起到了重要的作用。宋代饰物基本沿袭了唐代的形制，但是与传统的融合做得更好、更自然。清代饰物既保持满、汉各自原有的风格与形制，又互相弥补吸收。钗是由簪演变而来，都是古代中国用来固定和装饰头发的一种首饰。发钗为双股，有的一股长一股短，以方便插戴（图1-64）。点翠工艺是一项中国传统的金银细金工艺，在汉代就已出现。这种工艺是在用黄金或镏金做成不同图案的底座上，再把翠鸟背部亮丽的蓝色羽毛仔细地镶嵌在底座上，以制成各种首饰器物，起到点缀美化金银首饰的作用。用点翠工艺制作出的首饰，光泽感好，色彩艳丽（图1-65）。与此同时，西方的饰物也在以惊人的速度发生着变化，并悄然渗入中国，从而国内从设计、制作、生产、佩戴都形成了专业的体系。

当代饰品流行趋势变化速度愈来愈快，将历史文化与现代配饰相结合，已成为当今饰品设计界的一大流行趋势。不同国家民族文化相互交融，设计呈现出极其丰富的时尚感和诸多的元素。如Moussy耳饰，强调形式的极度简洁，使用最基本的形状、配色，简单的方圆组合，却随性中带着洒脱，是设计师对高品质的执着追求。极简并不是单纯的简单，虽然简约，却有自己独特的亮点，是一种非常经典的风格（图1-66、图1-67）。

第二章

流行饰品设计的规律

流行饰品设计的美学规律

饰品的造型设计是将点、线、面、色彩等元素有规律地组合，必须注意形式的美。

一、统一与变化

统一与变化是饰品造型艺术的基本法则，是诸多造型形式的集中与概括，反映了事物发展的普遍规律。

1. 统一

指组成事物整体的各个部分之间，具有呼应、关联、秩序和规律性，形成一种一致的或具有一致趋势的规律。

在饰品设计中，统一能增加形体的条理性，体现出秩序、和谐、整体的美感。有利于整体的标准化、通用化和系列化。但在设计中需要注意的是，过分的统一会使造型显得刻板单调，缺乏艺术的视觉张力。

2. 变化

指事物各部分之间的相互矛盾、相互对立的关系。

变化的运用能使饰品设计产生一定的差异性，产生活跃、运动、新异的感觉，突破造型的呆滞、沉闷感，增加新鲜活泼的韵味。但在设计过程中需要特别注意，过度的变化会导致造型的零乱琐碎，造成视觉上的不稳定、不统一感。

统一与变化，在饰品设计造型中的表现形式，通常为线条的粗细、长短、曲直、疏密；形状的大小、方圆、规则与不规则；色彩的明暗、冷暖、轻重等。为了避免单一形态所带来的单调感，右面这款项链在圆的大小、色彩上力求变化，达到平衡统一（图2-1）。除了几何造型的大小差异外，还可将圆形变形为椭圆，既保持圆形的特性，又力求将差异扩大化，使得整体既丰富、生动，又富有秩序和规律而不杂乱（图2-2）；有些则采用从主体中裂变元素的方式达到统一，造型手法、色彩搭配、表现方式都如出一辙。虽然是一种不对称设计，却弱化了变化中的冲突（图2-3、图2-4）。

图2-1　kate spade项链（一）

图2-2　kate spade项链（二）

图2-3　Zara耳饰（一）

图2-4　Zara耳饰（二）

二、对比与调和

和谐是造型设计构成的最高形式，其完整性取决于是否和谐。和谐的本质是多样性的统一，包含对立因素的统一。"对立性"和"同一性"是和谐的根本因素。对比与调和，反映事物内部发展的两种状态，有对比才有事物的个别现象，有调和才有某种相同特征的类别。

1. 对比

在饰品设计中，把质或量反差甚大的两个元素合理地配列于一起，使人感受到具有鲜明强烈的感觉，但仍具有统一感的现象称为对比。

对比的手法能使设计主题更加鲜明、更加活跃，能有效地增强对视觉的刺激效果，给人以醒目、肯定、强烈的视觉印象，打破单调的统一格局，求得多样变化。

对比在饰品设计造型中的常见表现形式包括：疏密对比、大小对比、空间对比、色彩对比、材质对比等。如图2-5所示的MZUU耳坠，互为补色的蓝、黄两色给人带来惊艳的视觉效果，补色并列时，会引起强烈对比的色觉。一般情况下，在两种颜色互为补色的时候，一种颜色占的面积远大于另一种颜色的面积，才能达到视觉平衡。而此耳坠中的两种颜色的面积却相差不大，设计师将造型元素的重复排列作为调和的砝码，以求达到特殊的效果。而图2-6的戒指则是在左右造型相同的前提下采用材质和表现手法的对比，一侧为素面光金，另一侧镶满钻石，产生了明显的对比效果。

图2-5　MZUU耳坠　　　　　图2-6　Mattioli Gioielli戒指

2. 调和

调和是由相同或相似的因素有规律地组合，把差异面的对比度降到最低限度。调和具有的一致性和相似性，在视觉上造成一种秩序感，从而带来和谐与悦目（图2-7、图2-8）。

图2-7　Tory Burch耳坠

图2-8　Camila Klein项链

三、对称与均衡

均衡的形态设计让人产生视觉与心理上的完美、宁静、和谐之感。静态平衡的格局大致是由对称与平衡的形式构成的。

1. 对称

对称又称"均齐",是在统一中求变化。常见的对称形式,包括:轴对称、旋转对称和螺旋对称。饰品设计

图2-9　Camila Klein耳坠

的对称造型主要指外形、装饰结构和形状的对称。以下的耳坠(图2-9)、项链(图2-10)和戒指(图2-11),采用的都是对称中的轴对称手法,整体效果端庄大气。

图2-10　Miss Selfridge项链

图2-11　Astley Clarke戒指

2. 均衡

图2-12　Zucca耳坠

图2-13　Ponte Vecchio项链

图2-14　Oscar de la renta胸针

均衡是指布局上的等量不等形的平衡，是运用大小、色彩、位置等差别来形成视觉上的均等。右侧的耳坠（图2-12）、项链（图2-13）和胸针（图2-14），都采用了均衡的设计手法，运用体量均等的方法在变化中求统一，形态设计使人产生视觉与心理上的完美、宁静、和谐之感。

对称与均衡产生的视觉效果不同，前者端庄静穆，有统一感、格律感，但如过分均等就会显得呆板；后者生动活泼，有运动感，但有时会因变化过强而失衡。均衡是对称的变化形式，是一种打破对称的平衡。这种变化的突破，要根据力的重心，将形与量加以重新调配，在保持平衡的基础上求得局部变化。因此，在饰品设计中要注意把对称、均衡两种形式有机地结合起来灵活运用。

四、节奏与韵律

节奏与韵律是通过体量大小的区分、空间虚实的交替、构件排列的疏密及长短、曲柔、刚直的穿插等变化来实现的。节奏与韵律是一种形式美感与情感的体验，它存在于形式的多样变化之中。

1. 节奏

节奏本是指音乐中节拍轻重缓急的变化和重复。在饰品设计中是指同一视觉元素连续重复时所产生的运动感。对比元素的明暗、粗细、强弱、软硬、冷暖、疏密、大小等因素，反复出现的频率与对比关系就构成了作品的节奏感。

2. 韵律

韵律是一种具有条理性、重复性和连续性为特征的美的形式。常见的表现形式，包括：连续韵律、渐变韵律、起伏韵律、交错韵律。右面的项链（图2-15）和下面的耳坠（图2-16），采用的就是连续韵律，将基本图形按照等比例、等距离地反复排列组合，产生相应的节奏，富于机械的美感。

图2-15　Stylus项链

节奏有强弱起伏、悠扬缓急的变化，表现出更加活跃和丰富的形式感，这就形成了韵律。韵律是节奏的更高形式，节奏表现为工整、宁静之美，而韵律则表现为变化、轻巧之美。节奏是韵律的变化，韵律是节奏的深化。下面的戒指（图2-17）和胸针（图2-18），采用错落有序的设计，以强弱起伏、抑扬顿挫的规律变化，产生优美的律动感，增加节奏的多变性，这样的设计用意在于避免过分有序排列导致的视觉整体单一感，因为多层次变化的节奏美感，更能打动观赏者。

图2-16　Ponte Vecchio耳坠

图2-17　Sartoro戒指

图2-18　Little Moose胸针

第二节

流行饰品的色彩设计规律

我们生活在一个色彩斑斓的世界中，蓝天白云、红花绿草，这些多姿多彩的景象给我们带来了无限遐想和回味。色彩与造型、纹样、材料、工艺一样，是流行饰品设计的主要内容之一。是从人对色彩的知觉和心理效果出发，用一定的色彩规律去组合构成要素间的相互关系，创造出新的、理想的色彩效果（图2-19～图2-22）。

图2-19　五颜六色的配件

图2-20　五彩缤纷的花朵

图2-21　Asos项链

图2-22　Atasi套装

一、色彩的调配规律

1. 色彩的心理效应

色彩会引起人们对许多事物产生不同的心理情感反应，它可给人以不同的联想。这种联想可以因不同的民族、文化或地域，不同的年龄和性别有着个体差异。色彩易使人产生的联想见表2-1。

表2-1　色彩的联想

色彩	联想	客观感觉	生理感觉	心理感觉
红	战争、血、大火、意识、圆号、长号、小号、罂粟花	辉煌、激动、豪华、跳跃	热、兴奋、刺激、极端	威胁、警惕、热情、勇敢、庸俗、气势、激怒、野蛮、革命
橙	日落、秋、落叶、橙	辉煌、豪华、跳跃	兴奋（轻度）	向阳、高兴、气势、愉快、欢乐
黄	东方、硫黄、柠檬、水仙	闪耀、高尚	灼热	光明、希望、嫉妒、欺骗
绿	植物、草原、海	不稳定	凉快（轻度）	和平、理想、宁静、悠闲、道德、健全
蓝	蓝天、远山、海、静静的池水、眼睛、小提琴（高音）	静、退缩	寒冷、安静、镇静	灵魂、天堂、真实、高尚、优美、透明、忧郁、悲哀、流畅、回忆、冷淡
紫	仪式、紫丁香、大提琴、低音号	阴湿、退缩、离散	稍暖、屈服	华美、尊严、高尚、神秘、温存

2. 色彩的搭配方法

流行饰品色彩设计的核心是选色与搭配，单从颜色本身来说，并没有好坏之分，任何一个单一的颜色都是平等的，没有高低贵贱之分。如果是色彩设计有美丑之别，就是指搭配的功力高低而已。

（1）邻近色搭配。色相环上30°以内的两个或两个以上的颜色并置搭配，称为邻近色搭配。

由于相互间的色差很小，较单一色彩显得生动，又因为距离相近，两种色彩之间有共同的因素，所以容易取得统一的配色效果。但如果处理不当易显得单调、模糊、乏味，视觉冲击力较弱。应加大各种色彩间的明度与纯度

图2-23 Tatty Devine项链（一）

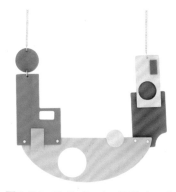

图2-24 Tatty Devine项链（二）

图2-25 Bounkit项链

图2-26 Moritz Glik戒指

的差异，增加变化，使视觉效果更加生动（图2-23～图2-26）。

其中，图2-24的项链，采用的是蓝色邻近色搭配。蓝色系是冷色系的代表颜色，提到蓝色，便会使人联想到大海、天空。在众多颜色中，可爱的蓝色能带给周边的人一丝清凉与活力。蓝色与"邻近色"搭配起来的效果与同类色搭配效果类似，但更加容易搭配出层次感。从色相环上，可以看出蓝色的邻近色有"蓝绿色""绿色""蓝紫色"和"紫色"。蓝色与邻近色的搭配，需要特别注意颜色不宜过多、过杂。大多数人对紫色搭配都十分小心，紫色在颜色的搭配上，是相对难以驾驭的。而图2-25中的项链，同样是紫色，但降低了色彩的明度和饱和度，采用深浅搭配的方法，形成造型的整体感，色彩饱满丰富又非常和谐，色调温柔之余平添了几分梦幻。

（2）类似色搭配。色相环上30°～60°之间的两个或两个以上的颜色并置搭配，称为类似色搭配。

由于类似色搭配相互间的色差较小，容易取得和谐的色彩效果；视觉效果和谐、雅致，均能保持其明确的色彩倾向与统一的色彩特征；既能保持统一的优点，又克服了视觉不满足的缺点。运用时应注意两种色彩间的对比并置，与明度、纯度之间的平衡（图2-27～图2-30）。

其中，图2-28的项链，采用的是红

色、红橙、橙色的类似关系，因其色彩中含有相同的色彩元素，搭配起来使得整体画面更具和谐统一的美感，又因其色相上小幅度的变化，让画面色彩显得更丰富、更有层次感。

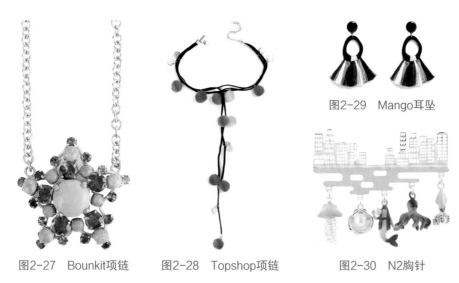

图2-27　Bounkit项链　　　图2-28　Topshop项链　　　图2-30　N2胸针

图2-29　Mango耳坠

（3）中差色搭配。色相环上60°～120°之间的两个或两个以上的颜色并置搭配，称为中差色搭配。

中差色搭配色彩之间对比效果适中，具有鲜明、饱满、活泼等特点，在视觉上有很大的配色张力效果，是非常个性化的配色方式。在设计时应注意各种色彩面积的主次关系及明度和纯度的适度变化（图2-31～图2-36）。

其中，图2-33的耳坠、图2-34的戒指、图2-35和图2-36的项链，红色、紫红色与蓝色、绿色对比产生较明快、活泼的感觉，在视觉上有很大的配色张力效果，也属于设计师经常使用的颜色搭配技巧，是非常个性化的配色方式。

图2-31　Chico's胸针　　　图2-32　Mango耳坠　　　图2-33　Vicky耳坠

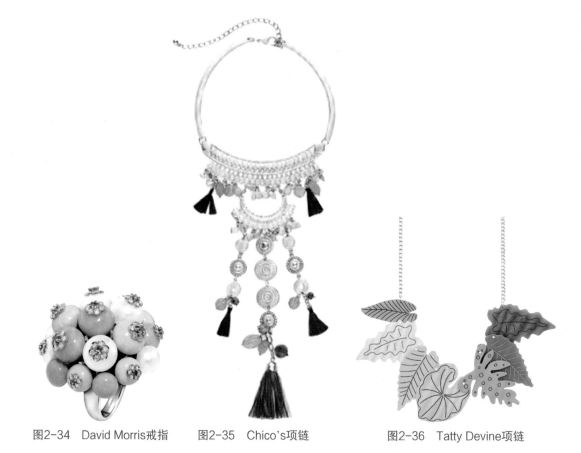

图2-34　David Morris戒指　　　图2-35　Chico's项链　　　图2-36　Tatty Devine项链

　　（4）对比色搭配。色相环上120°～150°之间的两个或两个以上的颜色并置搭配，称为对比色搭配。

　　对比色搭配具有鲜明、强烈、饱满、丰富的视觉效果，是极富运动感的色彩配色。但正因为色彩间对比的强烈，在搭配组合上有一定的难度，在和谐度上稍显不足，容易使视觉疲劳，搭配不当会给人以生硬、不舒适的感觉。在设计中应增加统一调和因素，从各色彩的面积、位置、明度、纯度等方面综合考虑，使其在变化中达到统一（图2-37～图2-42）。

　　其中，图2-37的戒指和图2-41的项链，采用的是黄、蓝两色对比；而图2-38的戒指，采用的是紫、绿两色对比，为了缓和两种对比色给视觉感官带来的冲击，设计师将两种颜色的纯度降低，所以即使两种颜色的对比面积相当，也不会造成不适感。图2-39的耳坠和图2-42的项链，同样也是对比色搭配，设计师采用减小其中一色或两色的对比面积，从而达到视觉的平衡。

图2-37　Maria de toni戒指

图2-38　Blue Stone戒指

图2-39　Tory Burch耳坠

图2-40　Oromini胸针

图2-41　Betsey Johnson项链

图2-42　Tatty Devine项链

图2-43　N2耳钉

图2-44　Gumus Dunyasi戒指

图2-45　Betsey Johnson胸针

图2-46　Tatty Devine项链

（5）互补色搭配。色相环上180°之间的两个或两个以上的颜色并置搭配，称为互补色搭配。

互补色搭配是对比最为强烈的，具有刺激、强烈、炫目的美感。因此互补色搭配是所有搭配类型中最为特殊、最为困难的，如果搭配不当容易产生庸俗、不协调的感觉。在进行互补色设计时，可采用改变颜色面积的大小，或调整纯度与明度来降低冲突感（图2-43～图2-46）。

其中，图2-43的耳钉和图2-44的戒指，呈红绿互补，对比强烈，能达到活跃、饱满、富有感染力的效果。但红配绿有一个致命的弱点，即两种颜色并列在一起，会有刺眼之感，若长期注视，眼睛会产生疲劳。

（6）有彩色与无彩色搭配。无彩色中黑、白、灰与各种有彩色进行色彩配置，称为无彩色与有彩色搭配。

这类色彩搭配的效果有两个：一是万能搭配，即这两类色彩无论哪两个颜色搭配在一起，都不会不协调；二是使有彩色的纯度有某种程度的降低，产生统一调和的效果。使用有彩色与无彩色的搭配方法，应注意各色彩明度有所差别，以避免产生苍白无力感（图2-47～图2-50）。

其中，图2-47的耳坠、图2-48的项链和图
2-50的手镯，采用的是无彩色搭配。黑白搭配是无
彩色中的最佳组合，需要明确其中一种色是主体色。
在黑白两色中选择一个主色大面积使用，另一个色
作为点缀，即使是换成灰白图案的搭配也要有主次
之分。图2-49中的项链，采用的是无彩色与有彩色

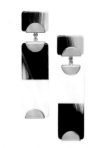

图2-47　Tory Burch耳坠

搭配，黑色可以和色相环中所有鲜艳夺目的色彩搭配，不过要尽可能避免黑色
与浅色的搭配，黑色会令那些颜色显得浑浊，黑色尽量不与深棕色、土黄色做
搭配。

图2-48　Tatty Devine项链

图2-49　Tatty devine项链

图2-50　Chanel手镯

二、色彩的设计构思

色彩的构思，是设计者在设计前进行思考和酝酿的过程，是一种融形象
思维和逻辑思维于一体的创造性思维活动。流行饰品的色彩设计思路和方
案，因不同的设计目的和设计对象有很大差异，如穿戴者的服装风格或流行
趋势等因素要综合考虑。设计师通过宏观、微观上的思考，确定设计意向，
开展设计活动。

图2-51 油画《日出》（莫奈）

图2-52 油画《睡莲》（莫奈）

1. 色彩设计的灵感启发

设计灵感是创作过程中的一种特殊心理状态，是人们在思维过程中认识飞跃的心理现象。产生灵感的源泉，即是设计师平时对事物和现象进行观察的日积月累。

（1）西方艺术作品的启发。从世界著名的绘画、雕塑作品及不同的艺术流派中选择。作品本身已经具备现代构成形式的因素和设计理念，具有借鉴和再创造的价值，借鉴和重构这些艺术作品的色彩，重在扩展自己的思维和创意，寻求新的角度和新的色彩图形（图2-51～图2-56）。

图2-53 noonoo fingers耳钉

图2-54 Uterque项链

图2-55 Chanel项链

图2-56 Camila Klein手镯

（2）中国传统艺术色彩的启发。中国传统艺术作品中，可借鉴采集色彩的范围极其宽广，不同历史时期色彩都是当时文化艺术发展、沉淀的成果，不同的色彩搭配传达不同的视觉意味。对这些艺术品的色彩进行采集重构，可以体味中国传统艺术的精华所在，又能以自己的感悟和理解创造新的色彩配置（图2-57～图2-62）。

图2-57　苏州园林

图2-58　景泰蓝

图2-59　Illui手镯

图2-60　Anyfam手镯

图2-61　Agatha手镯

图2-62　Betsey Johnson耳坠

（3）自然色彩的启发。自然界有着丰富美妙的色彩，可以通过各种自然景物的色彩现象与变化规律，寻取大自然中的色彩美。如动物、植物及一切有生命的物种的颜色；大海、岩石、沙漠等的颜色（图2-63～图2-68）。

图2-63　自然景观

图2-64　海洋生物

图2-65　Palnart Poc项链

图2-66　Les Nereides耳坠

图2-67　Alex Monroe耳坠

图2-68　FOREVER 21耳坠

（4）产品色彩的启发。现有的产品色彩信息资料可为色彩设计的创新带来无限的可能性。通过电脑、电视、电影屏幕，观看体育比赛、美术作品展览、话剧、音乐会，街头广告、报贴、摄影、旅游、图书、画册、生活照片等不同的视觉空间和途径，均能以独特的视角和方式，获得色彩的原始素材和第一手色彩信息资料（图2-69～图2-74）。

图2-69　摄影作品

图2-70　产品海报

图2-71　M&S项链

图2-73　Bottega Veneta手镯

图2-72　Chico's耳坠

图2-74　Bottega Veneta耳坠

（5）流行色彩的启发。流行色一直作为设计和时尚行业的风向标而存在，通常决定时尚界未来的走向并影响饰品流行趋势。通过了解和分析流行色，可以得到符合市场消费需求的流行色彩（图2-75～图2-78）。

图2-75　流行色搭配

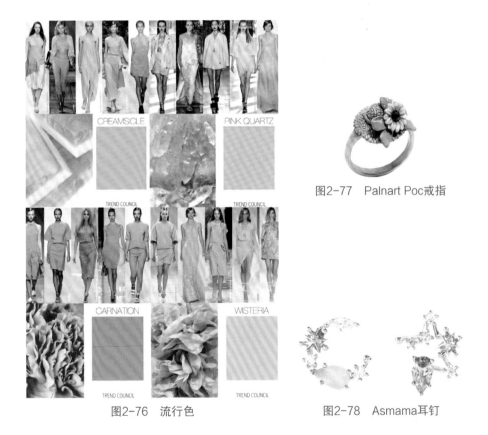

图2-76　流行色

图2-77　Palnart Poc戒指

图2-78　Asmama耳钉

2. 色彩设计的构思方法

（1）形色构思法。"以形设色"是从形状的性格内涵为构思出发点，以形状的个性引发对色彩进行选择的构思，主要强调造型款式。色与形的相互陪衬，能共同体现相应个性和发挥最明显的色彩特征（图2-79～图2-82）。

其中，图2-79的胸针和图2-81的项链，采用具象造型进行设计，如轮船造型、房屋汽车造型，在色彩搭配时主要以色彩诠释形态的魅力；图2-80的耳坠和图2-82的手镯，则是以方圆等自然形态的具体物象，运用明度、纯度、色相和灵感，触发抽象事物。

图2-79　Chanel胸针

图2-80　Anyfam耳坠　　　　图2-81　N2项链　　　　图2-82　Alexis Bittar手镯

（2）色彩组织结构构思法。"以色赋形"是以色彩自身的表现价值为构思的出发点，将色组所产生的心理效应，作为选择色彩的意向，再寻求相应的形状组织，也就是先选择色再考虑形，以色彩作为构思作品的主动力（图2-83～图2-86）。

其中的项链和耳坠，是先设计颜色而后考虑造型，颜色为主，造型为辅。每一种色彩的设计，都要考虑其面积、形状、位置、肌理等方式的表现。

图2-83 Asos项链

图2-84 Asos耳坠

图2-85　Bill skinner项链

图2-86　某品牌耳坠

（3）色彩意象构思法。是从意象含义为构思的出发点，即通过色彩带给人们直接或间接的心理感受对色彩与形状进行选择。这是由于特定的文化和环境影响以及长期的经验积累所形成的集体印象（图2-87～图2-90）。任何色彩都会使人产生相应的心理反应，引发直接或间接的心理感受，如看到橙色感觉温暖，看到白色感觉洁净等。

其中，图2-87的发箍和图2-89的吊坠中的心形造型，采用了鲜艳的红色，利用人类独特的知觉特征和文化背景给人以强烈冲击，意向效果更加明确；而图2-88的胸针，则利用红绿一组互补色营造出俏皮活泼的氛围，使饰品年轻化，充满童趣。

图2-87　某品牌发箍

图2-88　Marc Jacobs胸针

图2-89　Soufeel吊坠

图2-90　Amrapali项链

（4）肌理构思法。由于材料种类繁多，性质各异，新材料不断涌现；且材料构造和成分的不同，呈现出软、硬、刚、柔等表面肌理与质感，这就形成了效果各异的色彩视觉现象与感情效应（图2-91～图2-94）。在视觉艺术中，肌理是由不同的材质和不同的处理手法形成的，是集质地、形式于一体的不可分割的概念。肌理通常可分为视觉肌理与触觉肌理。

其中，图2-91的耳坠和图2-93的项链属于视觉肌理，而图2-92的耳钉和图2-94的胸针则属于触觉肌理。

图2-91　Asos耳坠

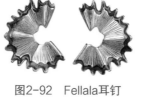

图2-92　Fellala耳钉

图2-93　Amelie Blaise项链

图2-94　Marc Jacobs胸针

第三章

流行饰品
设计的基本方法

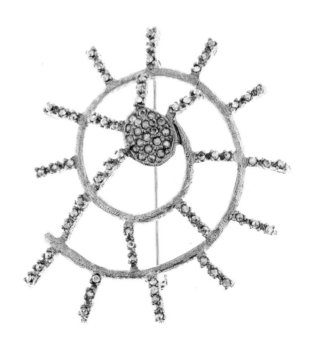

寻找灵感

灵感，是一切艺术创作创新的核心。其本身就是一种创意性思维活动，是经过长时间实践和思考后，受某种启发而融会贯通所产生的新思想、新方法。在灵感形成的设计理念主题板上，有着非常多的可以被提炼的元素。例如：色彩与图案元素、材料的质感、造型等。

一、发散思维

发散思维方式又称扩散思维，是指人们以某一事物为思维中心或起点而进行的各种可能性的联想、想象和假设。发散思维强调"延伸"的方法，是建立在对物的形或意的延展基础上，向不同方向或角度提出设想，并组建出创意的雏形（图3-1、图3-2）。

图3-1　《Nada G》2018系列画册

二、逆向思维

逆向思维是指打破常规，从相反的角度来思考问题，让思维在深入层面的对立面进行探索，以达到树立新观念，创造新形象为目的。它是对旧有体验和观念的重装，让常规变为特例，特例变为常规（图3-3、图3-4）。

图3-2　《Porshz》2018系列画册（一）

图3-3　《Porshz》2018系
列画册（二）

图3-4　《Porshz》2018系列画册
（三）

三、归纳思维

归纳思维是从特殊到一般的过程，是把具象的事物归纳为抽象的精神，再把抽象的精神转化为具象的元素。在设计中需要删除一些表面的、旁枝末节的信息，分析和概括与设计主题有关的因素与规律（图3-5、图3-6）。

图3-5　KATENKELLY耳坠

第二节

流行饰品设计的要素

流行饰品具有物质和精神的双重作用。在满足穿戴者生理与心理需求的同时，给人以美的享受，是艺术美、形象美的统一体。造型设计、色彩设

图3-6　wetseal耳坠和戒指

图3-7　Amrita singh项链

图3-8　Express手镯

计、材料设计是流行饰品设计中的三个要素。

一、造型设计

造型设计是流行饰品设计中最重要的因素，是款式设计的基础。流行饰品的造型可以是规则的几何立体外形，如长方形、正方形、三角形、圆形等；也可以是不规则形体，如创意形、偶然形等。除了外部的形态，内部结构和细节设计也很重要，通过内外结构的合理配置，产生节奏、韵律、平衡的和谐美感（图3-7～图3-10）。

几何图案是吸引注意力的好方法，但如果使用很多的几何图案组合，就要考虑用一些简洁的元素来保持平衡感。如图3-7中的项链，

图3-9　Express耳坠

图3-10　Free people耳坠

使用了大量醒目的几何图案排列，但在整体造型中却力求简单，保持设计的清晰和可读性。混合和匹配形状、图案、颜色，可以设计出具有动感和美丽的造型组合。而图3-9和图3-10中的耳坠，则通过创造各种不同的形状、图案和颜色的组合，使造型设计一直保持俏皮、醒目。

二、色彩设计

色彩设计是流行饰品中视觉效果的基础之一，是影响整体效果的主要因素。每一种色彩都有其情感倾向性，不同色彩的冷与暖、明与暗又会产生体积和面积上的视觉错觉，设计时应对饰品的色彩属性及色彩心理进行综合考虑。流行饰品的色彩意象不仅反映产品本身的色彩，还能够唤起佩戴者的某种相应的感觉，深入到消费者的认知审美情趣中去。另外，流行饰品的色彩搭配还要注意与服装整体造型的搭配，如此才能显示出它的装饰作用以及经济价值（图3-11～图3-16）。

一件作品中通常只有一个主色或一个主色系，如图3-12中的项链，主色是蓝色，是整个画面的重点所在，主色在整个画面结构中常被安排于最显眼的位置，并且在色彩的选择上往往是最鲜艳、醒目的颜色，能够契合作品主题，突出信息重点；而黄色、红色等颜色是副色，是色彩设计中的第二重点，主要起着衬托、点缀的作用。设计师要能够恰当地进行色彩搭配，不能使副色比主

图3-11 Express耳坠　　　　图3-12 Express项链

色更显眼。在一件设计作品中，有多种平衡色彩关系，通常会有一个主要平衡关系。如图3-13中的手镯，主要的平衡关系是冷暖平衡，细微处会发现丰富的深浅平衡，深蓝与浅蓝、深红与浅红等；另外为了避免颜色过多带来的繁杂感，手镯的大面积为白色，也就达到了有彩色和无彩色的平衡关系，使得作品的设计更加清新、脱颖而出。

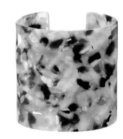

图3-13　Laguna Moon手镯

图3-14　Laguna Moon耳坠

图3-15　FOREVER 21耳坠

图3-16　Free People戒指

三、材料设计

材料是流行饰品设计的最基本素材。流行饰品材料种类繁多，取材广泛，不同的材料有着各自不同的风格与特点。如木质材料自然质朴，取材方便；皮革材料富有张力，加工手段多样；织物材料柔软亲切，富于变化。材料的美感不仅通过造型来体现，更从其形象语言，如形状、比例、体积、色彩、质地、肌理、体量等抽象媒介来展现艺术的形式美（图3-17～图3-22）。

其中，图3-17和图3-18的耳坠，采用的都是材料的混搭设计。材料的光滑与粗糙、坚硬与柔软、轻与重、冷与暖等使人产生不同的心理联想。表现作品材质的美感，并不在于使用材料的贵重与否，而在于是否合理，并且艺术性、创造性地使用材料。图3-21和图3-22的手镯，采用的是金属材质，充分地张扬设计作品的个性，强调形式美感，具有现代首饰的特色。

图3-17　FOREVER 21耳坠

图3-19　Tatty Devine项链

图3-18　Free People耳坠

图3-20　Bounkit项链

图3-22　Vicky手镯

图3-21　Uterque手镯

第三节

流行饰品设计的点、线、面元素

一、流行饰品设计中点的要素

点在设计中是最小的元素，在几何学中的概念被理解为没有长度、宽度或厚度，不占任何面积。

从造型意义上来说，点是整体中的局部，是视觉的中心。点的形状不是固定的，它可以是规则的圆形、三角形、多边形，也可以是无规则的其他形状。点在造型中的作用是举足轻重的，这主要表现在它的形状、位置、数量、排列等方面。当点在构成中由于排列的数量、大小等因素发生改变时，便会产生不同的图形，给人以不同的心理感受。

从点的数量上看，一个点可以吸引人的注意力，形成视觉中心；两个点可以形成视觉的稳定感。从点的位置上看，点的位置配合大小、色彩的改变有着引导视线的作用（图3-23～图3-28）。

在流行饰品设计中，耳环上的人造宝石、项链中的花朵造型等元素，都是具有"点"效果的装饰元素，常常具有"画龙点睛"的作用，如图3-23中的手链，但运用时需要注意设计目的的主次关系，否则将会使人产生喧宾夺主的感觉。而图3-24的耳坠，将不同颜色、不同光泽的元素进行组合，使之具有民族感的造型；一颗颗形似于"点"的米珠，以类似群化组合的方式，均匀地分布在主线链条上，有序排列，不断延伸，形成一定的量感。再如图3-28的戒指，是"点"三维立体空间的设计。任何事物首先都会在脑海中建立一个平面化的形态，通过多角度的观察才逐渐在思维里建立一个有长度、厚度、角度的二维立体的事物。将平面的"点"通过参差有序的排列，形成三维空间，立体感更强。

图3-23　Betsey Johnson手链

图3-24　FOREVER 21耳坠

图3-25　Clue耳坠

图3-27　Tous项链

图3-26　Tous吊坠

图3-28　Saint Laurent戒指

二、流行饰品设计中线的要素

线是点的密集排列形成的轨迹，是极薄的平面相互接触的结果。线是点运动产生的，它最活跃、最富有个性、最易于变化。在造型上，线具有位置、长度、粗细、浓淡、方向性等性质。

线分为直线和曲线两种。其中直线分为水平线、垂直线和斜线；曲线分为几何曲线和自由曲线。

1. 直线

直线在视觉中有一种力的美感，简单明了，直率果断，给人以规整、硬挺、坚强的感觉。

（1）水平线。具有安慰、宽广、冷静的特点。在流行饰品设计中，常用于中性化的几何形简洁设计，也多用于男性饰品设计中，以强调坚毅果断和阳刚之气。

（2）斜线。具有不稳定、活泼、动感的特性。使用时可表现在青春活力的运动风格设计中，以表现饰品动感的韵律。

（3）垂直线。具有高耸、庄严、挺拔、上升的感觉。在设计运用中可增加修长感，常见于造型线的使用以及条形图案的使用（图3-29 ～图3-34）。

其中，图3-29的耳坠，设计师以直线作为作品的主要元素，以长形金属线排列出垂直的直线线条，用最简洁的元素，映照出现代首饰简洁大方、时尚的特点。而图3-30的项链，设计师以水平线为主要设计元素，将彩色宝石以水平线的形式有序排列起来，使饰品呈现出一种均衡、优雅的稳重感。

图3-29　FOREVER 21耳坠

图3-30　Ponte Vecchio项链

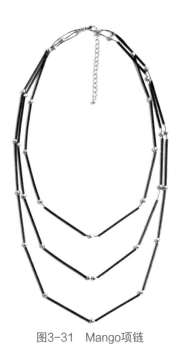

图3-31　Mango项链

图3-32　Accessorize戒指

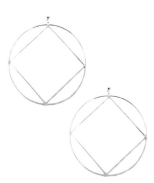

图3-33　FOREVER 21耳坠

图3-34　Accessorize手镯

2. 曲线

曲线与直线相比，表现为飘逸、起伏、委婉且具有圆润、弹性、温暖的阴柔之美。

（1）几何形曲线。有数学规律的、较严谨的曲线，整齐、端正及对称性使其具有秩序的美感。常用于女性化较强的柔美饰品设计中，如搭配宴会、派对的饰品等。

（2）自由曲线。是一种无规则的、奔放的曲线，它更加伸展、奔放、不拘小节，流露出一种优雅、饱满的女性情调。其方向性、形状、材质的变化，都可以激发设计灵感，给人以无限的想象空间。

线条在风格上可以像飞舞的飘带，或婉转、或优雅，也可以像有规律的几何形，或静止、或庄重；在材质表现上可以是狂乱的金属丝、冷峻的链条、柔美的织物，不管是何种风格、何类材质，设计中可以将不同情感的各种线条相互搭配，使作品产生丰富的节奏与韵律（图3-35～图3-40）。

图3-35　FOREVER 21耳坠

图3-36　Camila Klein项链

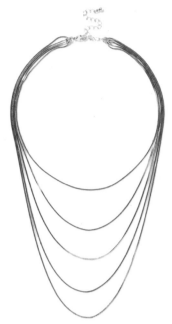

图3-37　RIVER ISLAND项链

图3-39　Anyfam项链

图3-38　Saint Laurent手镯

图3-40　Oscar de La renta胸针

现代首饰的曲线有着自己独特的意味。在首饰表面的纹理上，经常会用线条或图案进行修饰，如图3-38的手镯，以流畅的曲线构成，在这种装饰下，线性符号或图案弥补了单调的首饰表面，使人视觉上产生错觉感和空间想象。

而图3-40的胸针，螺旋结构是自然界普遍的一种形状，是一种螺丝状的扭纹曲线，为一种在生物学上常见的形态。饰品设计讲究线条美，螺旋曲线作为一种美妙的线条造型，自然就会受到设计师的青睐。不同的螺旋造型形成不一样的美学效果，合理地借用这些造型，结合各类材质，用色彩和曲线的搭配呈现出不一样的视觉美。

三、流行饰品设计中面的要素

面是线密集排列形成的轨迹，有长、宽两度空间，面在三度空间中存在既是"体"。

面大体可以分为：规则的面和不规则的面两种。规则的面在其基本形上又衍生出正方形、长方形、三角形、圆形等多种形式的面。在设计中，应注意把握不同形态的面，具备不同的特性，带给人们视觉和心理上不同的感觉。例如：方形的面给人以安定的感觉；圆形的面给人以圆润、丰富的感觉；自由形的面会给人以多变、神秘的感觉。另外，在饰品设计中也可运用面的群化特性，令多个不同的面相叠加产生层次感，丰富作品的内涵（图3-41～图3-46）。

图3-41　Uterque项链

图3-42　Chanel胸针

图3-43　Illui项链

图3-44　So Chic戒指　　　图3-45　Zen Pirlanta戒指　　　图3-46　Moussy耳坠

第四节

流行饰品的创意设计方法

　　流行饰品设计的方法因人而异，但总有一些规律性的东西可供参考。设计师要用视觉去感知流行中的普遍性，通过积累、整理、分析，总结归纳其共性特征。要适时地把握灵感，从中提炼、挖掘流行元素，创造新的造型形式。对于设计方法来说，不但是一种技术手段，更是实践经验不断积累的成果。

　　流行饰品的创意设计方法，主要有以下几种。

一、运用联想法

　　在设计的过程中通过丰富的联想，突破时空的界限，扩大艺术形象的容量，加深画面的意境。

　　通过联想，人们在审美作品中，看到自己或与自己有关的经验，美感往往显得特别强烈，从而使设计产品与消费者融合为一体，在产生联想的过程中引发对美的共鸣，其感情的强度总是激烈的、丰富的（图3-47～图3-50）。

　　联想是通过事物之间的关联、比较，扩展人脑的思维活动，从而获得更多创造性设想的思维方法。它可以在已知领域内建立联系，也可从已知领域出发，向未知领域延伸，获得新的发现。根据事物之间在时间或空间等方面的彼此接近形成的联系，由一种事物想到另一种事物。在设计中通过事物在时空上的接近关系，触发想象，唤起观者的经验或情感的共鸣。如由日落联想到黄昏，由山脉想到白云，在设计中运用这一规律，能打开思路，产生形与意的转换。如图3-48，由夏日联想到雨荷与点水的蜻蜓，正应了"小荷才露尖尖角，早有蜻蜓立上头"的诗句，使人在欣赏作品的同时感受到仲夏夜的静谧。螺旋形状是一种带有动感的形状，常常出现在我们的生活中，螺丝的纹路、旋转的楼梯等，螺旋是很美的一个形状。如图3-49，设计师从螺旋楼梯得到启发，进而联想设计出螺旋状套装，造型别致，层次感强。

图3-47　联想的景物

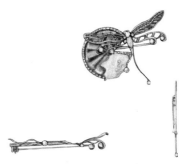

图3-48　景物联想设计作品

图3-49　联想的形状

图3-50　形状联想设计作品

二、逆向思维法

逆向思维是对司空见惯的似乎已成定论的事物或观点，反过来思考的一种思维方式。反其道而思之，是让思维向对立面方向发展，从问题的相反面，深入地进行探索，树立新思想，创立新形象。在设计中找出现有产品的缺点，对设计"不合理、不方便、不完善、不科学"的地方，"对症下药"地进行改进，新样式就出现了。

这种方法使人站在习惯性思维的反面，从颠倒的角度去看问题。在饰品设计领域，通常情况下都是正向思考，但如果只是顺着这一思路，就有可能找不到流行的感觉，而进入不到最好的创作状态。这时如果进行逆向思考，就有可能得到意外的收获。现今颇具代表性的设计大师三宅一生在他的作品中，一反人为化的造型，改用披挂、缠裹的形式，采用外观精美、肌理效果强、立体感突出的材质，有着很强的视觉冲击力，留给人们更多的惊叹（图3-51～图3-54）。其中，图3-53是一幅名称为"和"的摄影作品，设计师采用逆向思维将元素打碎，用解构的手法来表达作品更深层次的含义，形成新的设计作品（图3-54）。

图3-51　摄影作品——房屋

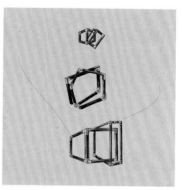

图3-52　首饰设计作品

图3-53　摄影作品——"和"

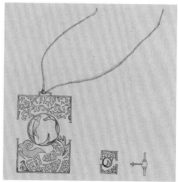

图3-54　首饰设计作品

三、对比衬托法

对比就是把作品中所描绘的事物的性质和特点，放在鲜明的对照和直接对比中来表现，借彼显此，互比互衬，从对比所呈现的差别中，达到集中、简洁、曲折变化的表现。通过这种手法更鲜明地强调或提示产品的性能和特点，给消费者以深刻的视觉感受。

在任何设计要素中，都可以使用直线或者曲线。造型元素的形状越柔软、圆滑，给人的视觉效果就越友好。元素的形状越整齐，给人的感觉就越严肃。如图3-55、图3-56，设计者通过两种不同的形状，创建了一个对比，很好地利用了直线和曲线进行不规则排列，表现出了一种惊人的对比感。

图3-55　首饰设计作品（一）

图3-56　首饰设计作品（二）

四、夸张法

夸张法是借助想象，对设计作品中的某个特性进行相当明显的夸大，以加深或扩大对这些特征的认识。通过这种手法能更鲜明地强调设计作品的实质，加强作品的艺术效果，赋予人们一种新奇与变化的情趣。

夸张手法有着极强的艺术感染力，是在真实的基础上，通过设计者自己的情绪及对实物的认知进行夸大表现，使其感受更加直观。如图3-57、图3-58，设计者保留章鱼的外形，而将内部结构运用夸张手段进

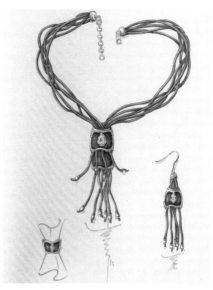

图3-57　首饰设计作品（三）

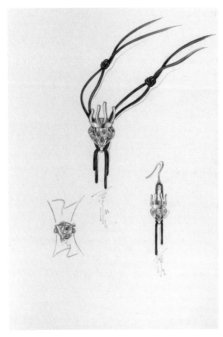

图3-58　首饰设计作品（四）

行重新解读，并加入金属及宝石元素。

五、同形异构法

　　同形异构法是一种在造型不变的基础上，通过改变其内部结构，如装饰线、拼接部位、装饰部位、工艺手段、色彩搭配等设计元素，从而衍生出多款设计的方法。在采用同形异构法设计时，必须注意局部改造设计应与整体造型保持协调，维持造型原有的特点及美感。图3-59、图3-60的设计，同样采用"S"形作为饰品外形，但在设计手法及细节上却不尽相同，使得最终的风格迥异。

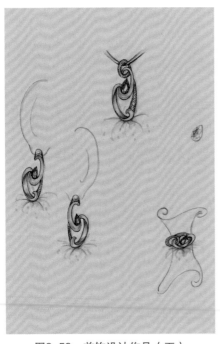

图3-59　首饰设计作品（五）

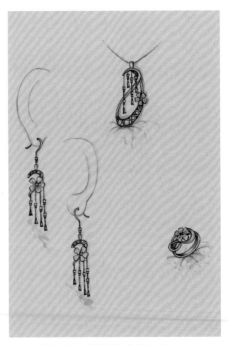

图3-60　首饰设计作品（六）

六、增"＋"去"－"法

在设计中对设计作品进行强调、取舍、浓缩，适当地突出重点表现元素或删减不必要元素，以独到的想象抓住一点或一个局部，加以集中描写或延伸放大，以便更充分地表达主题思想。这种设计以一点观全面，以小见大，从不全到全的表现手法，给设计者带来了很大的灵活性和无限的表现力，同时为接受者提供了广阔的想象空间，获得生动的情趣和丰富的联想（图3-61、图3-62）。

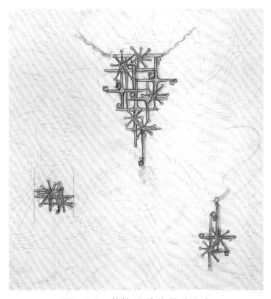

图3-61　首饰设计作品（七）

七、限定元素法

指在一定条件的约束下进行设计的方法。在流行饰品的设计中，设计师的设计行为并不是随心所欲的，他要经常用到会受到多方面限定的元素。如消费者的要求，主要包括流行色彩、款式、功能等方面；生产商的

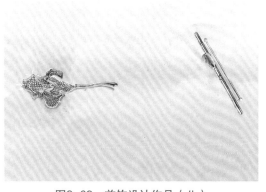

图3-62　首饰设计作品（八）

要求，如成本、工艺、型号等方面。图3-63、图3-64两幅作品参加了以广府文化为主题的设计比赛，两者在设计风格、设计元素上都十分吻合主题，设计思路和理念清晰而独特。

图3-63 首饰设计作品（九）

《 新 · 心 》

采用新会葵扇的外形，内容运用了花鸟题材的彩瓷进行镶嵌。
目的：结合传统进行创新，注入一股新鲜血液。
材料：24k金，彩瓷

图3-64 首饰设计作品（十）

第四章

流行饰品
与服装的关系

流行饰品的发展，总是依托于服装设计的进步，饰品的佩戴总要与服装相搭配。现代饰品已由保值转为装饰，因而消费者在首饰选购上，会更注重饰品与肤色、服装、气质、年龄、职业环境的搭配，着力装扮出自己与众不同的特质，彰显个性。

流行饰品与款式的搭配

流行饰品与服装搭配时，款式造型是一个比较重要的因素，运用恰当能起到"画龙点睛"的作用，烘托服装的整体气氛。充分利用服饰造型手法，通过点、线、面等造型手段，考虑饰品与服装的整体风格，廓形比例等因素，遵循形式美原理，使流行饰品协调融入服装，成为整体构图的一部分。

一、办公室搭配

在办公室里的首饰佩戴，首先需要考虑的是自己的穿戴应该符合办公室环境的着装要求，同时应能体现出成熟并能代表公司的形象面貌。

对于从业人员，在着装的要求上力求简洁大方，端庄而又不失礼节。作为职业装的饰品限制较多，一般来说简单大方是办公室里人人都需遵循的准则，饰品不要夸张古怪，色彩也不应过分鲜艳。在遵守一定原则之外，自己花一点心思，在细节部分巧妙地搭配一些纤小精致的饰品，也能起到改变庄重严肃的职业装外形的效果。选择适合自己气质和风格的饰品，塑造自己的独一品位，是从业者在职场上找到自信和成功的关键。职业女性可以在胸前和发际，以及项链上搭配一些色彩生动的有色宝石，透射出生机和美丽。或者在西服的套装领边别一枚曲线形设计的胸针，可以使套装的庄重之中添加几丝活跃的动感和韵律美（图4-1～图4-6）。

图4-1 职业女性与首饰搭配（一）

图4-2 职业女性与首饰搭配（二）

图4-3 Jestina耳环

图4-4 Jestina耳钉

图4-5 Jestina吊坠

图4-6 Jestina手链

二、宴会派对搭配

夜晚时璀璨的灯光可以使人忘掉一天的疲惫与烦躁，尽情享受黑夜带来的神秘与妩媚。这样的场合，选择的饰品就显得非常重要了。高贵华丽的晚礼服当然要搭配造型独特、雍容典雅的饰品，如夺目的红宝石戒指、浓翠欲滴的祖母绿耳环、造型突出的钻石套装等。晚上虽然适合较鲜艳，款式多变的饰品，但切记千万不要将所有夸张的饰品，全部一次性地佩戴在身上，这样不但会使人失去焦点，更容易杂乱，进而失去单品的美感，分出重点与陪衬的配件，可以带来鲜明的视觉效果与个人风采。而在青春洋溢的派对中，黑色chock项链或金属链条项链一定会增加你的气场（图4-7～图4-12）。

图4-7　宴会派对首饰搭配（一）

图4-8　宴会派对首饰搭配（二）

图4-9　Shirley Zhang

图4-10　Sutra耳坠

图4-11　De Grisogono戒指

图4-12　Jacob&co耳坠

三、旅游运动搭配

　　假期与三五好友一起相约出门旅游，这时候的饰品搭配就不要太繁杂，选择几件与出门的服装相称的简约型饰品，可以为服装增色，为旅行生活锦上添花。

　　在运动时，一般是不建议带一些垂坠感强的饰品，这样会影响到运动的发挥，造成不必要的麻烦。所以太长的链子、太大的耳环、夸张的手镯应避免带到运动中去。运动佩戴诸如球拍形的耳环这一类运动式的饰品，会使得运动更趋生活化，更添美感（图4-13～图4-20）。

图4-13　旅游运动首饰搭配（一）

图4-14　旅游运动首饰搭配（二）

图4-15　男士吊坠

图4-16　Thiers手链

图4-17　Bony Levy戒指（一）

图4-18　Bony Levy戒指（二）

图4-19　HEFANG Jewelry耳钉

图4-20　Van Cleef&Arpels胸针

图4-21 居家休闲首饰搭配（一）

图4-22 居家休闲首饰搭配（二）

四、居家休闲搭配

在平时，除了那些特定的需要或进入特殊的场合，一般对于着装并没有太严格的规定，所以丰富多彩的便服是日常最主要的穿着，便服的特点是穿着的场合和范围适应性较强，而随意是便服最大的特色。所以便服也最能体现一个人的风格和气质品位，如果饰品搭配得好，则能增色不少。家居休闲时，同样应该注意饰品佩戴的形式和与服装的搭配。一般在这种非正式场合，佩戴有造型的彩色饰品，与休闲服装的搭配相得益彰，平淡中透出一种别样的品位。访亲会友，是大家充分展示自己佩戴个性和品位的最佳时机，适时适地的佩戴个性十足的饰品，会给平日增添一点色彩，同时会给家人和好友一种热情和轻松的感觉（图4-21～图4-25）。

图4-24 Taratata项链

图4-23 格子耳坠

图4-25　居家休闲首饰搭配（三）

第二节

流行趋势与流行色

一、流行趋势

流行趋势是指一个时期内社会或某一群体中广泛流传的生活方式，是一个时代的表达。它是在一定的历史时期，一定数量范围的人，受某种意识的驱使，以模仿为媒介而普遍采用的某种生活行为、生活方式或观念意识时，所形成的社会现象。流行趋势的周期也会经历创新、兴起、接受、消退、萎缩几个阶段。

流行趋势的预测包括流行色的预测，一般提前24个月；材料的预测，一般提前12个月；款式设计的预测，一般提前6～12个月。

文化的潮流、媒体的传播、科技的发展等都会影响着流行趋势。流行趋势的信息，对于流行饰品设计师来说可谓是至关重要，把握了流行趋势的信息就等于抓住了时尚设计的方向。许多公司都依靠流行趋势信息，来预测相关事态的变化与发展，以此来规划自己主题系列产品的开发。

二、流行色

1. 概念与特性

流行饰品作为时尚行业的一员，与流行色的关系也是最为密切的。流行色，即表示在一定时间内某一区域里被广泛采用的色彩，是一种趋势和走向，它是一种与时俱变的颜色，其特点是流行最快而周期最短。流行色在一定程度上，对市场消费具有积极的指导作用。国际市场上，特别是欧美、日本、韩国等一些消费水平很高的市场，流行色的敏感性更高，作用更大。其特征表现为如下方面。

（1）时效性。主要是指在不同的时间段内，因受社会大环境或者其他因素的影响，消费者会有不同的色彩偏好和色彩需求，为此市场也会有针对性地主销不同的颜色。流行色按其影响的程度大小和流行时间的长短，可以分为：时期流行色、时代流行色、年度流行色、季节流行色、月份流行色等。

（2）区域性。主要是指流行色具有的空间性特征。流行色是社会文化的产物，受具体的文化背景、生活方式、消费习惯甚至气候条件等因素的影响很大，因此流行色的影响是区域性的，或者是一个或几个国家，或者某个省或某个城市。

（3）周期性（又称循环性）。流行色遵循产生、发展、盛行和衰退的循环规律。在流行色领域，一旦一种颜色被消费者接受，就会很快汇成时尚的主流。不过，随着时间的推移，人们对这种色彩的爱好也会减弱，并随之被新的色彩替代，过一段时间后，被替代的颜色又会卷土重来，并且再度成为时尚领域的领军色彩。这一变化表明，色彩自身具有很强的周期性运动规律。

2. 流行色机构

（1）国际流行色委员会（International Commission for Colour in Fashion and Textiles）。成立于1963年，总部位于法国巴黎。各成员国专家每年召开两次会议，讨论未来十八个月的春夏或秋冬流行色定案，协会从各成员国提案中讨论、表决、选定一致公认的三组色彩为这一季的流行色。

（2）中国流行色协会（China Fashion & Color Association, CFCA）。成立于1982年，中国色彩事业建设的主要力量和时尚前沿指导机构。1983年代表中国加入国际流行色委员会。

（3）日本流行色协会（Japan Fashion & Color Association）。成立于1953年，是亚洲成立最早的流行色协会。

第五章

合金类流行饰品设计

由于合金类材料的价格比金、银等贵金属材料低廉，且有良好的加工、机械性能，所以流行饰品中，特别是仿真首饰饰品，会大量采用合金类材料来制作。

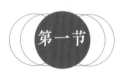

第一节

合金类饰品

一、概念及基本特征

一种金属与另一种或几种金属或非金属经过混合熔化，冷却凝固后得到的具有金属性质的物质被称为合金。饰品用合金比纯金属的颜色更鲜艳，硬度、强度更大，抗腐蚀性能更强，熔点更低（图5-1~图5-4）。

图5-1 Chloe手镯

图5-2 Tatman耳坠

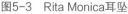
图5-3　Rita Monica耳坠　　　　图5-4　Betsey Johnson项链

二、常见合金材料的种类

流行饰品常用的合金材料包括以下几种。

1. 铜合金

常见的铜合金有：黄铜、白铜、青铜。

（1）黄铜。黄铜是以锌为主要合金元素的铜合金，因呈黄色而得名。

（2）白铜。白铜是以镍为主要合金元素的铜合金，呈银白色，故名白铜。除黄铜和白铜外，其余的铜合金都称为青铜。

2. 不锈钢

不锈钢是指在大气、水、酸、碱、盐等溶液中，具有一定化学稳定性的钢的总称。

3. 低熔点合金

常见的低熔点合金，主要包括：锡合金、铅合金、锌合金。其特点是色泽呈清灰、银白等冷色调，熔点低，加工简便。

合金类饰品的设计要素

一、合金类流行饰品与传统珠宝首饰设计的区别与联系

1. 传统珠宝首饰设计的原则及其基本内容

（1）设计定位。适合广大传统审美消费者的需求，或追求贵金属及贵重宝石材料本身价值的消费者需求。

（2）美观性。遵循民族传统、文化习俗，满足大众化审美情感。

（3）造型设计。以经典款式为主，在细节上稍做变化，佩戴舒适，坚固耐用。

（4）色彩设计。以黄金、铂金、K金等贵金属，以及钻石、红宝石、蓝宝石等贵重宝石材料本身色彩为主（图5-5～图5-8）。

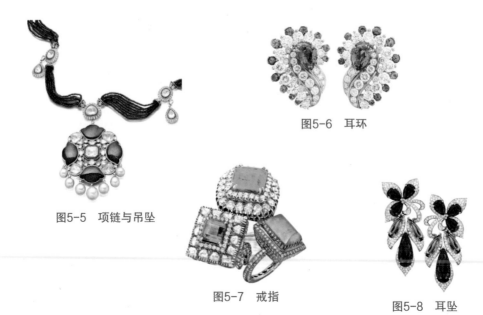

图5-5　项链与吊坠

图5-6　耳环

图5-7　戒指

图5-8　耳坠

2. 合金类流行饰品设计的原则及其基本内容

（1）设计定位。适合推崇独特个人体验，思维跳跃，颠覆传统的部分消费者的需求，引导时尚消费潮流。

（2）美观性。紧跟时尚趋势与市场潮流，注重与服装及其整体造型的搭配。

（3）造型设计。多为夸张、大胆的几何形组合；或突破传统的佩戴方式；或形似传统珠宝首饰的仿真饰品，但款式设计更为富丽繁杂，成本更加低廉。

（4）色彩设计。可为合金材料本身的色彩，也可利用加工方式使其产生绚丽的色彩，如电镀、阳极氧化、滴胶等（图5-9～图5-16）。

图5-9　Vicky手镯

图5-11　Anyfam手镯

图5-10　Uterque耳坠

图5-12　Loulou项链

图5-14　Lily Brown耳钉

图5-13　Uterque手镯

图5-15　首饰设计作品（一）　　　　　图5-16　首饰设计作品（二）

二、合金类饰品的设计风格

艺术设计风格是从作品中呈现出来的，具有代表性的艺术语言，有独特的内容与形式相统一的独特风貌。合金类饰品可选择的设计风格广泛，完全由时尚流行趋势所主导，搭配服装整体造型。

1. 波西米亚风格

波西米亚为Bohemian的译音，原意指豪放的吉卜赛人和颓废派的文化人。指一种保留着某种游牧民族特色的风格，其特点是鲜艳的手工装饰和粗犷厚重的材料。皮质流苏、手工细绳结、刺绣和珠串，都是波西米亚风格的经典元素。

波西米亚风格，代表着一种前所未有的浪漫化、民俗化，自由化。也代表一种艺术家气质，一种时尚潮流，一种反传统的生活模式。波西米亚服装提倡自由、放荡不羁和叛逆精神，浓烈的色彩让波西米亚风格的服装给人强烈的视觉冲击力（图5-17～图5-22）。

其中，图5-21的项链，波西米亚风格本身就是各个民族与文化的大杂烩，在饰品材质的选择上也善于多种材质的组合与拼接，抛却了材质本身的价值而追求形式美，不管是羽毛、木头、金属、流苏面料、宝石，在波西米亚风格中的意义是均等的，不是为了突出谁而存在，而是为了整体的和谐搭配而存在。

　　条纹、圆形、流苏组合而成的几何图案是波西米亚风格的代表形式，而图5-22的耳坠，再以撞色搭配，便形成了原汁原味的波西米亚风格样式。

图5-17　波西米亚风格首饰（一）　　　　图5-18　波西米亚风格首饰（二）

图5-19　Saint Laurent项链　　　　图5-20　Camila Klein戒指

图5-21　Miss Selfridge项链

图5-22　Mango耳坠

2. 哥特风格

哥特，原指代哥特人，属西欧日耳曼部族，同时，哥特也是一种艺术风格，主要特征为高耸、神秘、恐怖等，被广泛地运用在建筑、雕塑、绘画、文学、音乐、服装、饰品等各个艺术领域，哥特式艺术是夸张的、不对称的、奇特的、轻盈的、复杂的和多装饰的，以频繁使用纵向延伸的线条为其一大特征，主要代表元素包括：黑色装扮、蝙蝠、玫瑰、孤堡、乌鸦、十字架、鲜血、黑猫等（图5-23～图5-27）。

其中，图5-24的发箍和图5-25的戒指，颜色以黑色为主，辅以银色、蓝色增添色彩。造型延续了哥特建筑的几何美学，带来的金属质感，既冰冷又高贵，无形中强化了哥特风格的黑暗与神秘。

图5-23　Deepa Gurnani项链

图5-25　Deepa Gurnani戒指

图5-24　Deepa Gurnani发箍

图5-26　The Rogue The Wolf手镯

图5-27　The Rogue The Wolf吊坠

3. 巴洛克风格

巴洛克，本义"异形的"，用以指代那些离奇怪诞却美丽的事物，是17世纪初至18世纪上半叶，流行于欧洲的一种主要艺术风格。其特点是外形自由，追求动态，喜好富丽的装饰和雕刻、强烈的色彩，常用穿插的曲面和椭圆形空间。巴洛克风格特点主要体现在强调力度、变化和动感，强调建筑绘画与雕塑以及室内环境等的综合性，突出夸张、浪漫、激情和非理性、幻觉、幻想的特点。巴洛克风格特点打破均衡，平面多变，强调层次和深度（图5-28～图5-31）。

巴洛克风格饰品，以大胆的想象力和夸张的造型而得名，巨大的宝石形成一种豪华气派的风格。其中，图5-28的耳坠和图5-30的项链，华丽的宝石以及奢华的宫廷风在潮流中形成一道亮丽的风景线，夸张大胆的设计风格，更是符合现代人的个性审美需求。

图5-28 Anna Lou耳坠（一）

图5-29 Anna Lou耳坠（二）

图5-30 Alexander McQueen项链

图5-31 Alexander McQueen手镯

4. 洛可可风格

洛可可风格，是18世纪产生于法国、遍及欧洲的一种艺术形式或艺术风格。洛可可的总体特征为轻快、华丽、精致、细腻、烦琐、纤弱、柔和，追求轻盈纤细的秀雅美，纤弱娇媚，纷繁琐细，精致典雅，甜腻温柔，在构图上有意强调不对称，其工艺、结构和线条具有婉转、柔和的特点，其装饰题材有自然主义的倾向，以回旋曲折的贝壳形曲线和精细纤巧的雕刻为主。造型的基调是凸曲线，常用S形弯角形式。洛可可式的色彩十分娇艳明快，如嫩绿，粉红，猩红等（图5-32～图5-37）。

洛可可风格的饰品，常见的题材除了花卉昆虫还有日月星辰，充满活泼可爱的大自然气息。其中，图5-34和图5-35的耳坠，采用植物造型，虽然是巴洛克风格的延伸，但相比更加纤细，精致。

图5-32　洛可可风格首饰（一）

图5-33　洛可可风格首饰（二）

图5-35　Aldo耳坠

图5-34　Boohoo耳坠

图5-36　Accessorize手镯

图5-37　Kumnara项链

5. 朋克风格

朋克风格，是兴起于20世纪70年代的一种反摇滚的音乐力量。由失学与失业的人群组成，表现为拒绝权威、消除阶级，崇尚颠覆与破坏，极力反对正统与时尚，表现出反叛、对抗，独树一帜和大逆不道的怪诞。其主要元素是鲜艳、破烂、简洁、金属、街头、铆钉、链条等（图5-38～图5-41）。

放荡不羁、叛逆夸张的造型是朋克的主要风格。其中，图5-38的耳坠和图5-39的吊坠，采用的是朋克风格典型的具有视觉冲击性的铆钉及尖锐的造型，但为了弱化其冲突性，增加了艳丽的色彩及圆润的珍珠，使朋克风格增添了些许可爱。

图5-38　Fendi耳坠

图5-39　Fendi吊坠

图5-40　EDDIEBORGO手链
（一）

图5-41　EDDIEBORGO手链
（二）

6. 简约风格

起源于现代派的极简主义。体现在设计上的细节把握，每一个细小的局部和装饰，都是深思熟虑。特色是将设计元素、色彩、造型、原材料简化到最少的程度，但对色彩、材料的质感要求很高。因此，简约风格的设计通常非常含蓄，往往能达到以少胜多、以简胜繁的效果（图5-42～图5-45）。

其中，图5-42的耳坠，强调形式的单一，极度简洁，使用最基本的形状、最基本的配色，来表现纯净和元素的新鲜理念，由简单的几何造型设计而成，却具有十足的张力和个性，简约但不简单。而图5-43的项链，通过线条以及材质的颜色搭配，来制造出一种纤弱的细碎感，充满几何概念的款式加以细节的点缀，更显女性优雅的气质。

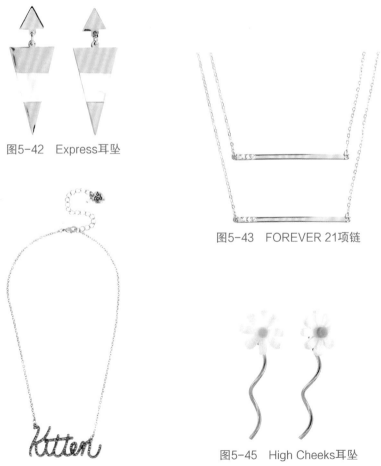

图5-42　Express耳坠

图5-43　FOREVER 21项链

图5-44　Betsey Johnson项链

图5-45　High Cheeks耳坠

三、合金类饰品的材料设计特性

合金类材料都有其各自的材料性能设计特点。

铜合金由于其价格较铂金、K金等贵金属低廉，有良好的加工、机械性能，又能满足镶嵌要求，所以是流行饰品类企业青睐的材料之一。但因铜合金长时间在空气中暴露后，表面会晦涩，或在局部出现暗斑点，失去原本的光泽，因此在设计铜合金饰品时，一般需要进行表面着色或电镀处理，以改善其抗腐蚀性能。

不锈钢材料有很好的耐酸、耐腐蚀性，易于清洁，在欧美国家已经非常流行。其金属光泽与铂金的光泽很接近，既高贵典雅，又具有现代感，风格粗犷、沉稳，有冷冽的金属感，硬度高，不易变形，适合用于造型简约的饰品设计，是男士饰品品牌广泛采用的材料之一，也逐渐赢得追求时尚的年轻人和白领人士的喜爱。

第三节

合金类饰品制作流程

图5-46 功夫台

一、常用工具及使用方法

1. 功夫台（工作台）

功夫台是饰品制作中最基本的设备，通常是用木料制作而成。一般用硬杂木制作，坚固结实。台面要平整光滑，没有大的弯曲变形和缝隙（图5-46）。

2. 吊机及机针

吊机是悬挂式马达的俗称。吊机由电机、脚踏开关、软轴和摩打机头组成。配

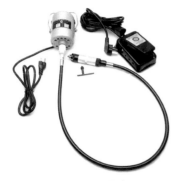

图5-47　吊机

图5-48　机针

图5-49　卓弓、卓条

图5-50　锉刀

合吊机使用的有成套的机针，形状各异，不同的机针有各自的用途，可用于钻孔、打磨、车削等（图5-47、图5-48）。

3. 线锯（俗称卓弓）

线锯主要用途是切断棒材、管材，以及按画好的图样锯出样片。与之配用的锯条称为卓条（图5-49）。

4. 锉刀

饰用锉刀体型大部分比较小巧，种类很多，规格大小不一，多以其截面形状命名，如平锉、三角锉、半圆锉、圆锉等（图5-50）。

5. 钳、剪

钳的形状有很多种，常用的钳子有：尖嘴钳、圆嘴钳、平嘴钳、拉线钳等。剪主要用来分割大而薄的片状金属，常见的剪有：黑柄剪、剪钳等（图5-51）。

图5-51　各种不同类型的钳子

二、工艺流程

1. 起版

制作饰品的首版，常用的方式有如下几种。

（1）手工起版。手工起版包括：金属起版与雕蜡起版。根据设计图要求，了解尺寸、石的大小、材料重量等。运用锯弓、吊机等工具，以及金属或蓝蜡进行制作（图5-52）。

图5-52 手工起版

（2）电脑起版。根据设计图造型及各个部位尺寸，在专业电脑起版软件上画出立体图形，包括顶视、正视、侧视三视图（图5-53）。

图5-53 电脑起版

2. 喷蜡

电脑起版画好图形之后，将立体图样输入喷蜡机喷出蜡版（图5-54）。

图5-54 电脑喷蜡

3. 铸造（倒模）

蜡版合格后，将其发至倒模部采用失蜡浇铸法，做出金属模版。如果是批量生产，那么就会将前面的蜡版做成银版压成胶膜，批量生产蜡模（图5-55）。

4. 执版

对倒模出来的银版，进行表面的修饰、修补工件缺陷，工件整形、焊

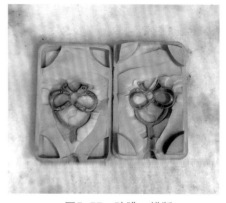

图5-55 胶膜、蜡版

接或者打字印，粗打磨饰件表面，为下道工序做好准备（图5-56）。

图5-56　执版

5. 镶嵌

将各种宝石或人造宝石（包括立方氧化锆，俗称水钻）镶嵌到首饰上去，使首饰达到更完美效果。主要的镶嵌方法有钉镶、包镶、爪镶等（图5-57）。

图5-57　镶嵌

6. 抛光

对金属表面和细节部分做进一步的抛光处理，部分饰品需要对首饰表面进行电镀处理，使其表面更加光滑（图5-58）。

图5-58　抛光

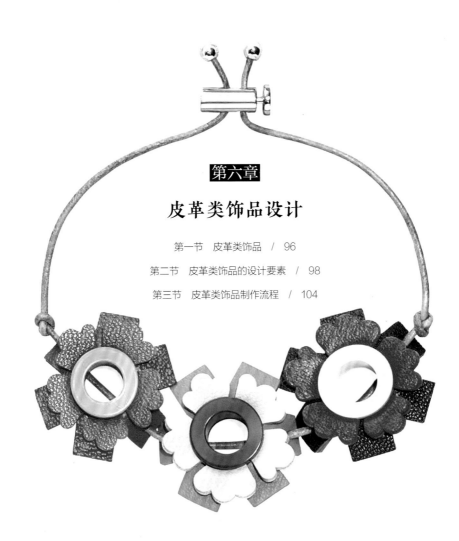

第六章

皮革类饰品设计

皮革类饰品

一、概念及基本特征

用皮革（含毛皮、天然革、合成革、再生革）为主要原料加工而成的饰品，称为皮革饰品。皮革饰品通常具有以下特征。

1. 实用性

皮革饰品的实用性，是指皮革饰品要考虑使用对象、使用条件、使用环境等条件。一方面要求它必须具备产品的基本功能，同时也要兼具美观性，具有物质功能和精神功能的双重性。

2. 审美性

皮革饰品的审美性，是指皮革饰品也应遵循形式美法则，包括产品的造型美、色彩美、结构美、材质美等。其中造型包括产品的形态、装饰等；结构是指饰品各部分分割、尺寸比例的协调。

3. 创新性

皮革饰品的创新性，是指为了满足人们的需要而具备的各种产品功能的创新。皮革类饰品要考虑的因素除了外观造型外，影响饰品另一个重要的因素是工艺及材料，尤其新技术新材料的产生有利于新产品的开发，增加市场盈利。

4. 流行性

皮革饰品的流行性，是指饰品的时代性。作为流行饰品中的成员，也应紧跟时代潮流与流行趋势的变化。人们的喜好受社会时尚影响，产品的款式造型也应不断更迭，以适应消费者的需求（图6-1～图6-8）。

图6-1　Anthropologie耳坠

图6-2　LYDELLNYC项链

图6-3　Alkemie手链

图6-4　Rosita Bonita项链

图6-5　Rena Chris项链

图6-6　Givenchy手镯

图6-7　Mango手镯

图6-8　Spickand Span耳钉

二、常见皮革材料的种类

皮革饰品材料种类繁多，从天然皮革、合成皮革到皮革代用材料都被广泛运用。常见材料包括主料和辅料，主料是指产品部件的主体材料，辅料包括产品装饰材料、固定零部件等。

1. 皮革类饰品主料

（1）天然皮革。特点是柔软富有弹性，透气、透水性好，耐磨性强。同时具有其他材料不可比拟的花纹和肌理，常见的天然皮革有牛皮、羊皮、猪皮、兔毛皮等。

（2）PU革。属于一种合成革，是以无纺布为原料，经过PU（聚氨酯）树脂材料的浸涂后，呈现立体交叉结构的仿革制品。PU革材料，价格低廉、色彩丰富、花纹繁多。

（3）PVC人造革。是指以织物为底基，在其上涂布或贴覆一层树脂混合物，然后加热使之塑化，经过一定的加工制成的。PVC人造革色彩鲜艳，表面光滑，柔软富有弹性。

2. 皮革类饰品辅料

皮革类饰品辅料，主要包括固定用配件，如铆钉、拉链、吊牌、各种材质缝线，以及装饰用花结、五金饰件等。

第二节

皮革类饰品的设计要素

皮革类饰品设计师对所设计对象进行设想、规划，运用形式美法则以图形的形式提供造型、尺寸等要素，通过各种材料与工艺完成的创造性行为。

皮革类饰品设计的过程，具有一定的设计规律。主要包括：确定设计主题—造型款式设计—色彩设计—材料选定—装饰手法设计—设计产品制作六个步骤。

1. 设计主题确定

主题是作品的中心思想，是设计师想要传达的主要内容。在确定主题时需要考虑作品的风格选定，如自然风格、民族风格、嘻哈风格等。同时也应挖掘消费者的物质、精神和情感诉求，有效地满足皮革饰品的市场需求，对市场流行趋势的准确把握，也是考验设计师设计开发能力的表现（图6-9～图6-14）。

图6-9　Franck Herval耳坠

图6-10　Chicos项链

图6-11　Camaleoa项饰

图6-12　RESERVED手链

图6-13　首饰设计作品（一）

图6-14　首饰设计作品（二）

民族主题是皮革饰品设计最重要的设计主题之一。其中，图6-9的耳坠和图6-10的项链，通过对民族传统的再诠释，将古朴的民族元素结合现代设计手法进行转化、提取和抽象再重构，设计出具有很强表现力和感染力的作品。而图6-13和图6-14的首饰设计作品，选用了维多利亚风格作为作品主题，运用黑、白、灰等中性色和金色结合突出了高贵与大气。

2. 造型款式设计

通常，同一个主题因设计对象或设计者的不同，也会产生无数个方案。皮革类饰品的造型设计是整个作品设计的主要因素之一。

（1）点的运用。在皮革类饰品设计过程中，点所占的面积虽小，但放置的位置相对灵活，表现手法也多种多样。如皮革纹理本身的点，或具象的点或视觉的点，是其他材质所不具备的视觉效果。又如各种点状的装饰物、点缀物等，拼接的小皮块、铆钉、标志吊牌。再如各种缝线的交叉点，拉链的锁头等。

点的大小、位置、色彩、排列等都给人不同的感受。点位于空间中心位置时，可产生重量、扩张及紧张感；点位于空间一侧时，具有浮动和不安定感。而一定数量、大小不同的点有秩序排列时可产生节奏感和韵律感（图6-15～图6-20）。

图6-15　Magaseek耳坠

图6-16　Marni胸针

图6-17　UNOde50手链

图6-18　Chicos手链

图6-19　首饰设计作品
（一）

图6-20　首饰设计作品
（二）

其中，图6-15的耳坠与图6-16的胸针，通过点的规则与不规则排列表现出秩序感与运动感。而图6-17和图6-18的手链，看似零乱无规律的串珠，实则运用皮绳将它们串联在一起。而图6-20的设计作品，在皮质手镯上点缀大小不一的圆点，犹如深邃的夜空出现的点点星光。

（2）线的运用。线是产品轮廓的基本构成，有粗细、长短、刚柔、虚实、曲直之分。可以通过不同形态线的排列组合和变化，设计出产品丰富的造型。同时，在皮革饰品设计中，线也可以作为拼缝线、褶皱线存在，用来分割空间。

当设计产品为简约大方的设计风格时，可多采用直线形态来表达挺拔、平稳、沉着的情感。采用斜线形态来表现运动、活泼、散射的情感。当设计产品为温婉柔和的设计风格时，可多采用曲线形态来表达优美、飘逸、轻扬的情感。采用抛物线形态来表达速度、现代、饱满的情感。

直线与曲线的组合设计，在男女皮革类饰品设计中的运用都比较广泛。男式饰品常采用直线与几何曲线组合，整体设计以直线为主，体现男士刚柔并济的性格特点；而女式饰品则多采用直线与任意曲线组合，整体设计以曲线为主，表现女性干练优雅的性格特点（图6-21～图6-24）。

其中，图6-21的戒指与图6-24的手镯，利用铆钉的点的连续排列形成线的效果，在皮革上重新演绎了几何图形的风格，将其变得更

图6-21　Rodeo Crowns戒指

图6-22　Fossil手链

图6-23　Franck Herval项链

图6-24　Saint Laurent手镯

图6-25 Magaseek发夹

图6-26 Marni耳坠

图6-27 UNOde50手镯

图6-28 Marni Embellished项链

加有个性，更加独立。

（3）面的运用。在皮革饰品造型设计中，面的分割和组合是表现皮革饰品形式美的主要手段。面有平面、曲面之分。平面具有稳定、规整的特点，包括正方形、长方形、梯形、三角形等，曲面具有圆润、柔和的特点，包括球面、圆柱面等。

方形设计。方形在皮革饰品的设计中运用较多。在形态上规整、稳定，但缺乏变化，在设计中常常与其他形状组合来丰富作品层次，如正方形与圆形、三角形的搭配与互补。

圆形设计。圆形线条流畅、优美，适合表现女性气质，在设计中可与扇形、球形等风格相似的形态组合，强化女性柔美气质，也可与长方形、梯形等形态组合，表现女性率真活泼的性格特征。

三角形设计。三角形是一种较前卫的形态表现，视觉冲击力较强。在以往的设计中运用较少，但在现代社会中，个性化需求日益增强，表现积极向上，特立独行的精神时，多会考虑三角形设计。

此外，面的分割也是皮革类饰品造型设计的常用手法。在外轮廓确定后，内部被分割，再形成新的整体使表面产生视觉美感。面的分割大致可分为横向分割、纵向分割、曲线分割、综合分割等（图6-25～图6-28）。

皮革饰品的几何模块是以最简练的形式体现饰品的基本风格，长方形、三角形、圆形这几种基本廓形的结合是不变的，但饰品造型的形式不是固定的。其中，图6-25的发夹，采用圆形与正方形组合，在设计时需要考虑造型中各基本几何模块的大小、轻重、多少等的体量关系。多种形式的组合变化，可衍生出更多具有个性、更独一无二的新颖造型，而这些组合法则是源于在设计实践中对美的因素的简单归纳与概括。而图6-26的耳坠与图6-27的手镯，将相同或相似的几何模块作有规律的重复排列，使人产生统一、鲜明的感觉，体现出统一之中有变化，变化之中求统一，从而达到主次分明，造型突出的效果。

图6-29　Franck Herval耳坠

3.色彩设计

皮革类饰品的主要材料是由不同肌理、不同质地的皮革制成，由于皮革独特的质感，经过不同手段的加工工艺及染整上色后，同一色相也能呈现出不同的视觉效果与情感变化，如蓝色用于亚光皮革会显得深沉低调，用于漆皮则会显得明快、鲜艳。所以在配色过程中，既要考虑配色规律，又要考虑不同材料的肌理及质地对色相、明度、纯度的影响（图6-29～图6-34）。

图6-30　Tory Burch手链

色调是作品色彩的整体倾向，是作品中颜色体现最为明显的特征，而利用色调平衡，则可以控制画面的色彩倾向，想要保持色调的平衡一方面可以在对比强烈的颜色间添加中间色，以起到衬托的作用，另一方面也可以对对比色的属性进行简单的调整。其中，图6-29的耳坠，高饱和度的红色作为春夏关键色，为夏日营造出欢乐活力的气氛。而图6-30的手链，虽然采用了多种

图6-31　Free People耳坠

颜色进行搭配，但降低了每种颜色的饱和度，使整体色调趋向沉稳，避免了颜色之间的强烈冲突。

图6-33　CLUE手链

图6-34　Rose Bud手镯

图6-32　BimbaLola项链

第三节

皮革类饰品制作流程

一、常用工具及使用方法

（1）切割垫。切割皮革时作垫板使用（图6-35）。

（2）美工刀。用来裁切皮革或缝线（图6-36）。

（3）钢尺。用来测量尺寸及切割时保护自己。

（4）锥子。用来描线或钻孔（图6-37）。

（5）菱斩。用来在皮革上打孔的工具（图6-38）。

（6）锤子。主要用途是敲菱斩，有橡胶锤、木锤、尼龙锤等。

（7）针。用来缝制皮革。

（8）线。常用的线有尼龙线、扁蜡线、棉麻线（图6-39）。

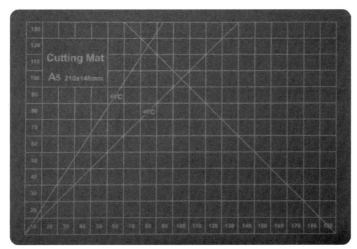

图6-35　切割垫

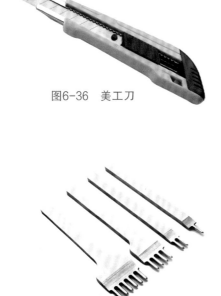

图6-36　美工刀

图6-37　锥子

图6-38　菱斩

图6-39　蜡线

二、制作流程

1. 裁切皮革

（1）将皮革放置在切割垫上（图6-40）。

（2）用直尺测量尺寸，确定基准线（图6-41）。

图6-40　放置皮革

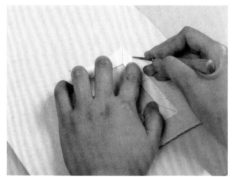

图6-41　确定基准线

（3）用美工刀沿绘制好的版型刻出线条（图6-42）。

（4）用美工刀沿着绘制好的线条慢慢裁切（图6-43）。

图6-42　划线

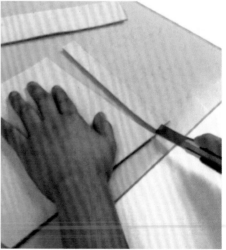

图6-43　裁切

2. 基本手缝

（1）在皮革表面绘制基准线（图6-44）。

（2）用菱斩在基准线上打出间距相等的孔，用缝针和缝线进行缝制（图6-45）。

图6-44 绘制基准线

图6-45 打孔

3. 安装金属件

（1）打出用来安装金属件的孔洞（图6-46）。

（2）将金属件用锤子敲击固定在底座上（图6-47）。

图6-46 钻孔

图6-47 固定

4. 皮绳编织

根据设计需要，选择所需的皮绳颜色，进行四股、六股或其他方法编织（图6-48、图6-49）。

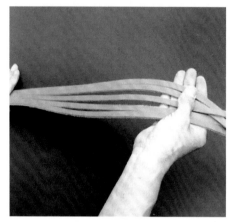

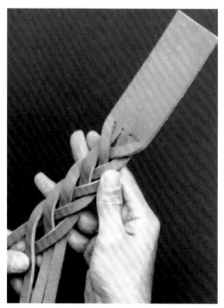

图6-48　编织皮绳（一）　　　　　图6-49　编织皮绳（二）

5. 皮革染色

（1）先用水润湿皮革，再反复涂抹染料（图6-50、图6-51）。

（2）涂抹光亮剂，晾干即可（图6-52）。

图6-50　皮革染色（一）　　图6-51　皮革染色（二）　　图6-52　涂抹光亮剂

第七章

木材类饰品设计

木材类饰品

一、概念及基本特征

由木材或木质材料（以木材的构成为基本组成的、天然的或人造的各种材料）为主要基材所制成的饰品，称为木饰品（图7-1、图7-2）。

木饰品不同于其他材料饰品，有其独特的特性。

1. 自然性

木材是一种天然材料，具有大自然所赋予的色彩、肌理、形态的美。

2. 细节美

由木材构造特征所决定的特殊细节如纹理、花纹、节子等，具有独特的形态美。

3. 规格灵活

木材可以截断或拼接延伸，因而成品规格可随设计而定。

4. 造型自由

木材和木质材料具有良好的加工性能，可以对其进行任意加工形成各种形态。

5. 强度高

这是由木材和木质材料本身的特点所决定的。

6. 成本较低

木材和木质材料是一种常见的材料类型，资源丰富且加工成本低。

图7-1　木饰品（一）

图7-2　木饰品（二）

二、常见木质材料的种类

1. 木材

主要包括：橡木、榉木、樱桃木、松木、胡桃木等树种，是常用的木饰品制作材料（图7-3、图7-4）。

图7-3　木饰品原料（一）

图7-4　木饰品原料（二）

2. 竹材

竹材的抗拉、抗压强度大于木材，且柔软性好，可以整根利用，也可以剖成竹片、竹篾进行二次创作（图7-5、图7-6）。

图7-5　竹材原料（一）　　　　　　　　图7-6　竹材原料（二）

3.藤材

藤是一些攀缘植物的茎，弹性好，饱含水分时极为柔软，干燥后又特别坚韧，可与木材混用（图7-7、图7-8）。

图7-7　藤材工艺品（一）　　　　　　　图7-8　藤材工艺品（二）

与金属、塑料、玻璃、石材等材料相比，木质材料的质感亲切，软硬适中，质地有粗有细，可独立制作饰品，也可与其他材料结合，创作出风格迥异的饰品。

第二节

木材类饰品的设计要素

一、点、线、面及其形态构成

用木材、木质材料，塑造出点、线、面的各种形态要素，再结合构成法

则，将这些元素集合在一起，形成独特的
设计组合。

1. 点

通过切割、削劈的加工手段，改变木
材原料的规格大小，如点状木材拼接，长
方形木饰品的端面等，使其符合面积对比
中"点"的基本特征，并在形态组合中具
备"点"的形式美法则。而木材中独特的
原料特征，如横截面上节子的点，虫蚀的
点等，都是木质材料不同于其他材料的独
特个性，这也给设计带来了与众不同的趣
味性（图7-9～图7-12）。

2. 线

线在木质原料中的表现手法多种多
样，如木质原料本身的纹理呈现出"涟
漪"般的线的特性，不同的树种所呈现的
纹理不尽相同，形态各异。可通过切割方
式的改变，丰富木材纹理的线性表现。由
于木材原料本身易于加工的特性，木材常
常被加工成长形木条，将这些木条按照
"线构成"的方式排列组合，呈现"线"
的特征，是木饰品设计常采用的手段之
一。如图7-13至图7-18木质饰品呈现流
畅、动感的韵律效果。

其中，图7-13的项链，采用线性
分割的方式将木质饰品分割出不同空间，
改变原有空间形态，增加平面或立体形
态的变化，不断产生各种各样新的形态。

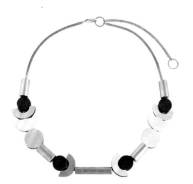

图7-9　木质饰品

图7-10　Wolf&Moon项链

图7-11　Satellite耳坠

图7-12　Satellite手链

而图7-14的项链，则利用直线与曲线的不同形式的排列，表达不同的感情性格，同时使用长短不一，宽窄不同群化的线，使人产生面的感觉。

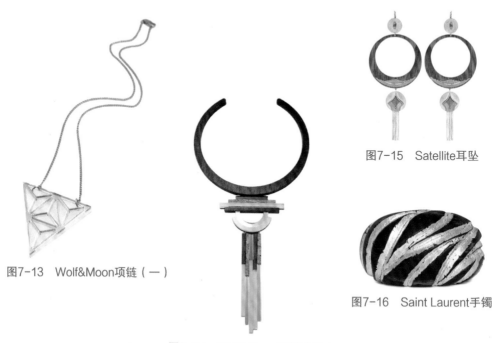

图7-13　Wolf&Moon项链（一）

图7-14　Wolf&Moon项链（二）

图7-15　Satellite耳坠

图7-16　Saint Laurent手镯

图7-17　首饰设计作品（一）

图7-18　首饰设计作品（二）

3.面

较宽的木板，拼接的木板都具有"面"的形态。面本身就是被放大的点，它与点的区别只是在面积与空间上所占的位置、大小。因此，面也具有点的一切特性。各种平面、曲面的单独设计或组合设计，面的连接、转折、重叠、交错等构成类型，丰富了饰品的形态效果，流露出迥异的情感表达（图7-19～图7-22）。

其中，图7-19的项链，有层次地分布的块面，可使作品细节特别丰富，同时，不规则的面切割画面，也增加了作品的节奏感，让作品整体灵动起来，是非常具有表现力的造型语言。

图7-19 Wolf&Moon项链（一）

图7-20 Wolf&Moon项链（二）

图7-21 Wolf&Moon胸针（一）

图7-22 Satellite手镯

二、色彩设计

木材本身的色彩或沉稳或清新，人工制作无法完全模仿，是一种天然形成的色彩元素。

　　木材有其固有的色调、明度、纯度，比照蒙赛尔色系统，大部分木材的色调主要分布在浅橙黄至灰褐色之间；明度主要集中在5～8之间；纯度主要集中在3～6之间，在色彩设计中应充分发挥其所呈现出的独特个性（图7-23～图7-26）。

图7-23　Rose Bud手镯

图7-24　Wolf&Moon胸针（二）

图7-25　Tasha项链

图7-26　Wolf&Moon耳坠

三、木材类饰品设计中形式美的运用

1. 材料质感的对比设计

　　木材因其独特的材料质感，表面会存在孔隙与沟槽，无论怎样抛光打磨，表面仍然不会像金属一样光亮平滑。在设计中，也大可不必一味去追求木材表面的精致感，反而可以故意将粗糙的表面进行适当夸张，如刮擦、劈裂处理。为了突出作品的戏剧效果，丰富作品层次，可以引入精致细腻的材料元素进行对比设计，如木材与金属、木材与塑料、木材与织物等（图7-27～图7-30）。

图7-27　yuemuzhiyuan手链（一）　　图7-28　yuemuzhiyuan手链（二）

图7-29　Cunning Man耳钉　　　　图7-30　一人一半原创项链

2. 纹理与图案的韵律设计

木材是周期生长的，所以，木材在各个方向上的生长特征呈现出周期性纹理，同一木材在不同切面方向上的纹理不尽相同。如横切面上渐次展开的同心圆和纵切面上呈现的疏密相同的山峰纹。不用刻意设计，大自然的鬼斧神工已经展现出不同寻常的节奏、韵律之美。刻意利用切割方式与方向的不同，将各种切面的斜纹、波浪纹、交错纹等纹理效果有机地结合在一起，形成特殊的造型效果（图7-31、图7-32）。

图7-31　Wolf&Moon手镯　　　　图7-32　Wolf&Moon耳坠

3. 自然形态与人造形态的仿生设计

木质材料经过自然界的锤炼，形成浑然天成的巧妙形态，给设计者提供了更加广泛的构思空间，同时也是一种挑战。设计者可以根据木材的自然形态加入锦上添花的人工设计雕琢，将自然形态的随性与人造形态的精致交织在一起，达到意想不到的视觉效果。

第三节

木材类饰品制作流程

一、常用工具

木饰品制作常见工具如下。

1. 锯子

锯子是用来把木料锯断或割开的工具。锯可分为：手工锯和机械锯（图7-33）。

图7-33　手工锯

2. 凿子

凿子有平凿、圆凿等，主要用于凿削榫眼或其他局部形状的铲削。

3. 钻子

钻子用来钻孔，可以通过更换钻头来改变钻孔大小（图7-34）。

图7-34 钻子

4. 木雕凿刀

切削面较小的凿子，成系列，圆弧度不一，大小不等（图7-35、图7-36）。

图7-35 雕刻凿刀（一）

二、加工工艺

1. 雕刻

手工雕刻是一种传统的手工技艺，个性特征很难被机械加工代替。先在木材上绘制雕刻图案，再按照绘制的图案进行雕刻（图7-37、图7-38）。

图7-36 雕刻凿刀（二）

图7-37 雕刻图案（一）

图7-38 雕刻图案（二）

2. 弯曲

将木材置于热水中煮，一般水温高于70℃，时间视树种、饰品尺寸而定，煮至在一定外力下可弯曲而不开裂（图7-39、图7-40）。

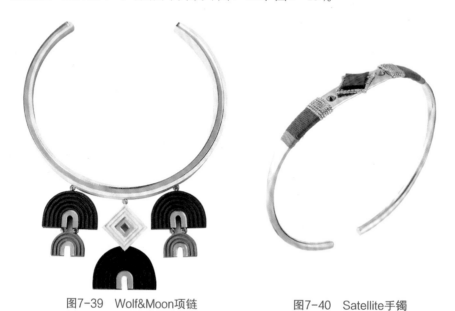

图7-39 Wolf&Moon项链　　　　　图7-40 Satellite手镯

3. 粘贴

将底面打磨光滑，用黏合剂将要镶嵌的材料粘贴在木材上（图7-41、图7-42）。

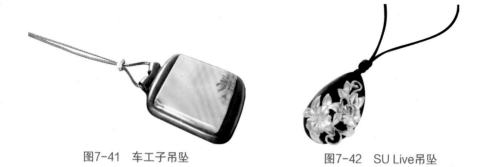

图7-41 车工子吊坠　　　　　图7-42 SU Live吊坠

第八章

陶瓷类饰品设计

陶瓷类饰品

一、概念及基本特征

陶瓷类饰品是以黏土作为基本材料，通过形态塑造高温烧制成型的装饰品。陶瓷饰品与众不同的触觉和视觉感受，使其具有独特的装饰性。随着陶瓷工艺的发展，陶瓷的表现力不断加强，加之现代时尚追求的推动，现代陶瓷首饰不断推陈出新，在设计意识和消费观念上独树一帜。

图8-1　Betsey Johnson耳坠

陶瓷饰品是新型的"绿色首饰"，它危害低，环保、节能、健康。原料中所含有的微量元素有益于人体健康。根据黏土的成分，它的主要性能有：可塑性、收缩性、结合性、烧结性和耐高温性。取材方便、原材料便宜、不受材料本身的影响（图8-1～图8-4）。

图8-2　Broken Plate 耳坠

图8-3　Andres Gallardo 耳坠（一）

图8-4　Andres Gallardo 耳坠（二）

二、常见陶瓷材料的种类

1. 陶器

陶器是用黏土或陶土经过成型后直接烧制而成的器物（图8-5、图8-6）。

图8-5　陶器（一）

2. 瓷器

瓷器是以瓷石、石英石、高岭土等为原料经过上釉烧制而成的器物（图8-7、图8-8）。

图8-6　陶器（二）

第二节

陶瓷类饰品的设计要素

陶瓷饰品设计是一种创造性的活动，和其他艺术形式一样，起决定作用的是造型、色彩、材料、装饰等因素，它们相互制约、相互促进。设计作品时，既要有大方、优雅的外观，又要表现出陶瓷的特性，使陶瓷的造型艺术表现力和内在文化韵味都能得到淋漓尽致的发挥。

图8-7　瓷器（一）

一、造型设计

陶瓷饰品的造型设计主要包括以下几个方面。

图8-8　瓷器（二）

1. 几何造型设计

几何造型设计是陶瓷饰品设计的主要表现形式。表达方式为点、线、面的单独设计或自由组合设计。利用点的空间关系表现韵律及肌理的美感，运用线的粗细、曲直、刚柔变化来表达各种情感状态，运用圆、方形、三角形等几何面来表现单纯、柔美、尖锐等个性。

2. 仿生设计

将生活中的花草、树木、飞禽走兽注入丰富而生动的寓意，以仿生的手法设计体现出来，表现其造型的趣味美感，这是源于对生活的观察和感悟（图8-9、图8-10）。

图8-9　Welmel耳钉

图8-10　Nach耳钉

3. 抽象设计

将生活中具象的物体，如亭台楼阁、花鸟鱼虫、人物造型等，通过扭曲、简化、组合、分割、解构等技法，进行概括变形，设计出具有现代思维的又不失物体个性特征的作品（图8-11、图8-12）。

图8-11　Marcasi项链

图8-12　N2吊坠

4. 肌理设计

肌理指的是作品的表面效果，即表面质感，分为自然肌理、制作肌理、釉面肌理等。肌理设计增加了作品的趣味性和空间感。常用的技法有：拓印、刻绘、压印等（图8-13、图8-14）。

图8-13 Nach手镯

图8-14 Andres Gallardo胸针

二、色彩设计

陶瓷首饰的色彩设计，主要包括：釉色装饰和绘画装饰。

陶瓷首饰所用的釉料颜色很丰富，主要有红色釉、青色釉、绿色釉、黄色釉、蓝色釉、白色釉等多种。除颜色釉外，还有结晶釉、裂纹釉、无光釉等许多种类。而颜色釉又分高温色釉和低温色釉，高温色釉施釉，主要是画釉、喷釉、浸釉三种方法。最常用的是喷釉，喷釉能保障陶瓷饰品颜色均匀。多种釉色的喷制，具有过渡自然的渐变之美。低温色釉施釉，主要采用画釉的方式，根据装饰需要，可以用各种毛笔将所需釉色绘画在饰品坯体表面。

陶瓷饰品最常用的绘画装饰，主要是釉下彩装饰和釉上彩装饰两种。釉下彩装饰最多的是青花装饰，青花色彩艳丽明亮，色调淡雅，与诗词歌赋等中国文化渊源较深，增强了陶瓷饰品的文化韵味与内涵。釉上彩色调丰富，装饰技法多样，色彩可淡雅、可浑厚、可古朴、可现代。釉上彩和釉下彩结合使用，可提高陶瓷饰品的层次感与工艺美（图8-15～图8-18）。

图8-16 Nach胸针

图8-15 Andres Gallardo耳坠　　图8-17 Broken Plate手镯　　图8-18 Nach吊坠

图8-19　Andres Gallardo耳坠

图8-20　Les Nereides手镯

图8-21　Andres Gallardo手镯

图8-22　AndMary吊坠

三、装饰设计

装饰是陶瓷饰品设计的外衣，设计一件陶瓷饰品时，要对整体造型和表面肌理的表现整体考虑。装饰方法多种多样，可以将半圆、椭圆、方形等几何形进行渐变、重叠的形式构成；或以镂空、切割、组合的形式构成；也可将表面进行刻划、镂空、堆贴、弯曲、挤压、印纹等方法设计。刻划是在饰品的表面划出不规则的装饰纹样。镂空是在形体的表面挖出形状大小不同的孔洞，从而产生风格迥异的肌理效果。堆贴是在陶瓷饰品表面堆积厚薄不等、面积大小不同、形状各异的肌理效果，还可营造出浮雕效果（图8-19～图8-22）。

第三节

陶瓷类饰品制作流程

一、成型

1. 泥条成型

以泥条为基础的成型方法。泥条的形制可以是圆形，也可以在圆形基础上，利用工具压制加工成方形。泥条可以单独卷曲成为造型，也可多条缠绕盘叠成更丰富的造型。

2. 泥板、泥片成型

根据创意使用工具或手工把泥拍打成薄

泥片，切割成所需尺寸，在泥片上进行切割与表面肌理制作，泥片之间可进行叠加组合和随意卷曲。

3. 模具成型

即根据模具制成所需要的形状，通常成型的方式分为：可塑成型、注浆成型。大部分饰品属于可塑成型，即通过力度而改变泥土形状从而变成与模具一样的形状。而中空项链款式则属于注浆成型，即泥浆导入模具堆积成型。

二、装饰

陶瓷饰品的装饰手法多样，如坯体装饰、釉色装饰等。坯体装饰包括：压纹、刻划、镂空、雕刻、浮雕、镶嵌、剔花等。釉色装饰包括：整体施釉、局部施釉、喷釉、刷釉等。

三、烧制

对于饰品而言，多为电炉烧制。陶瓷的烧制温度分为：高、中、低三个区间：高温瓷烧制温度为1200℃以上、中温瓷烧制温度在1000～1150℃、低温瓷烧制温度在700～900℃（图8-23～图8-26）。

图8-23　Andres Gallardo项链（一）　图8-24　Andres Gallardo项链（二）

图8-25　Welmel戒指

图8-26　Andres Gallardo手镯

第九章

其他类饰品设计

图9-1　ToryBurch耳坠（一）

图9-2　osewaya发饰

图9-3　Tory Burch耳坠（二）

图9-4　Boston　Proper手镯

流行饰品不受材质所限，选择更加广泛。大量新材料的使用，使设计师能根据个性表现，随心所欲地选择适合主题表达需要的饰品材料。除上述材料外，还有很多材料都能被运用在流行饰品设计中。

第一节

树脂类饰品

一、树脂类饰品概念与分类

1. 树脂的概念

树脂通常是指受热后有软化或熔融范围，软化时在外力作用下有流动倾向，常温下是固态、半固态，有时也可以是液态的有机聚合物。广义地讲，可以作为塑料制品加工原料的任何聚合物都称为树脂。用树脂作为原料制作的饰品，统称为树脂类饰品（图9-1～图9-4）。

2. 树脂的分类

树脂有天然树脂和合成树脂之分。

（1）天然树脂。是指由自然界中动植物分泌物所得的无定形有机物质，如松香、琥珀、虫胶等。

（2）合成树脂。是指由简单有机物经化学合成或某些天然产物经化学反应而得到的树脂产物。

二、树脂类饰品特性

树脂的质地温润，光泽柔腻，密度较轻，有透明、半透明和不透明的质地。由于树脂加热后能软化，方便塑形，色彩丰富，是制作饰品的理想材料（图9-5～图9-8）。它具有以下特性：

① 质轻高强；

② 耐腐蚀性能良好；

③ 热能性优良；

④ 加工工艺性能优异，工艺简单，可一次成型；

⑤ 材料的可设计性好。

图9-5 EGOIST项链

图9-6 Chicos手镯

图9-7 Taratata耳坠

图9-8 Isabel Marant手镯

第二节

亚克力类饰品

一、亚克力类饰品概念

亚克力是英文Acryhcs的音译，Acryhcs则是丙烯酸（酯）和甲基丙烯酸（酯）类化学物品的总称，俗称"经过特殊处理的有机玻璃"。用亚克力作为原料制作的饰品，统称为亚克力类饰品（图9-9～图9-14）。

图9-9 Mango耳坠

图9-10 Tatty Devine项链

图9-11 Fendi手镯

图9-12 Tatty Devine项链

图9-13 Magaseek耳坠

图9-14 Fendi戒指

二、亚克力饰品特性

① 具有水晶般的透明度，透光率在92%以上，光线柔和、视觉清晰，用染料着色的亚克力有很好的展色效果。

② 亚克力板具有极佳的耐候性、较高的表面硬度和表面光泽，以及较好的高温性能。

③ 亚克力板有良好的加工性能，既可采用热成型，也可以用机械加工的方式。

④ 透明亚克力板材具有可与玻璃比拟的透光率，但密度只有玻璃的一半。

此外，它不像玻璃那么易碎，即使破坏，也不会像玻璃那样形成锋利的碎片。

⑤ 亚克力板的耐磨性与铝材接近，稳定性好，耐多种化学品腐蚀。

⑥ 亚克力板具有良好的适印性和喷涂性，采用适当的印刷和喷涂工艺，可以赋予亚克力制品理想的表面装饰效果。

⑦ 亚克力具有耐燃性，不会自燃。但属于易燃品，不具备自熄性。

图9-15　Inoyo Makiko耳坠

第三节

玻璃类饰品

图9-16　Glassof Venice吊坠

一、玻璃类饰品概念

玻璃艺术有着千年的发展历史，玻璃材质在熔融过程中，从液体到固体改变的过程是非常细腻和偶然的。用玻璃作为原料制作的饰品，统称为玻璃类饰品（图9-15～图9-20）。在现今的饰品设计中，颇具艺术感的玻璃饰品，逐渐被更多的设计师研究设计。

图9-17　Alexis Bittar手镯

图9-18　Glassof Venice戒指

图9-19　Alexis Bittar戒指

图9-20　Antica Murrina项链

二、玻璃类饰品特性

1. 可塑性

玻璃的热学性质，影响着它的塑形过程及最终形态。玻璃的熔融、切割、塑形组合方式展现出的光影效果，是玻璃区别于宝石及其他贵金属的地方。当玻璃向液态转化时，其可塑性开始显现，同时形态的改变随着温度变化也会具有偶然性。

2. 透光性

玻璃材质对光的折射、反射、漫射，营造出玻璃独特的光学效果，体现玻璃特有的材质魅力。

3. 着色性

绚丽的色彩也是玻璃材质的魅力之一，玻璃迷人的颜色与光影的融合带来变幻莫测的气质。玻璃的着色机理，分为本体着色和表面着色两种。玻璃的表面着色是在玻璃表面敷上一层颜色涂层，使玻璃呈现色彩。而本体着色则复杂得多，根据设计调配的颜色，在玻璃成分中添加对应化合物，熔融后制成各式彩色玻璃。

第四节

纤维类饰品

一、纤维类饰品概念及分类

纤维是天然或人工合成的细丝状物质。用纤维作为原料制作的饰品，统称为纤维类饰品（图9-21～图9-26）。

纤维分天然纤维和化学纤维两种。

1. 天然纤维

天然纤维是指自然界存在的，可以直接取得的纤维，根据其来源分成植物纤维、动物纤维和矿物纤维三类。如棉、麻、毛、丝等。

图9-21　Franck项链　　　　　　　　图9-22　J.CREW耳坠

图9-23　Nocturne手链　　　　　　　图9-24　Nocturne胸针

图9-25　Free People手镯　　　　　图9-26　River ISLAND项链

2. 化学纤维

化学纤维是指由人工加工制造而成的纤维状物体。如聚酯纤维（涤纶）、聚酰胺纤维（锦纶或尼龙）、聚乙烯醇纤维（维纶）、聚丙烯腈纤维（腈纶）、聚丙烯纤维（丙纶）、聚氯乙烯纤维（氯纶）等。

二、纤维类饰品特性

天然纤维具有吸湿、透气、弹性好、光泽性好、染色性好及适酸性好等特性。

化学纤维具有吸湿性、透气性好、颜色鲜艳、耐磨性好、弹性高、质地轻等特性。

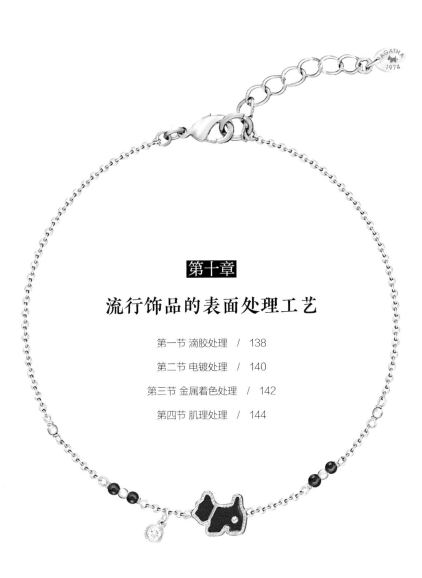

第十章

流行饰品的表面处理工艺

　　流行饰品的表面处理工艺，是利用物理、化学、电化学、机械等各种方法，改变饰品表面的纹理、色彩、质感，以防止蚀变，并起到美化装饰和延长寿命的一种技术处理方法。现代流行饰品表面处理工艺的类别非常多，常用的手段主要有：滴胶、电镀、金属着色、肌理等。

第一节

滴胶处理

一、滴胶工艺

　　滴胶工艺较多应用于流行饰品，一般采用环氧树脂水晶滴胶，它主要是由高纯度环氧树脂及固化剂等组成。

　　按照胶料的性质，分为软胶和硬胶两大类。软胶硬度较低，不适合打磨抛光，可用于工艺饰品的表面披覆；硬胶硬度高，可以用打磨抛光的方法处理，得到平整光亮的效果。胶料具有耐水、耐化学腐蚀、晶莹剔透等特点。在胶料中通过加入各种颜料，可形成丰富的色彩，进一步增加表面装饰效果。水晶滴胶除了对工艺饰品表面起到良好的保护作用外，还可增加其表面光泽与亮度，适用于金属、陶瓷、玻璃等材料制作的工艺品表面装饰与保护。

　　滴胶在表面效果上跟珐琅相似，又被称为"冷珐琅"。但两者还是有显著区别的，珐琅是珐琅彩颜料在高温下烧制而成，色彩坚固稳定，耐久性好；而滴胶属于塑胶树脂类的有机化合物，这类塑胶树脂类的产品无需在高温炉中烧制，只需将液态状的色胶涂在金属上自然风干或在烤温箱中烤干即可，制作简单。但是由于胶料材质关系，不耐久，也不耐高温，容易腐蚀和磨损（图10-1～图10-6）。

图10-1　Le Carose手链

图10-2　Lizzie Fortunato耳坠

图10-5　AGATHA手链

图10-3　Thomas
Sabo吊坠（一）

图10-4　Marni胸针

图10-6　Thomas Sabo
吊坠（二）

二、滴胶工艺的基本流程

① 先将称量器具、调胶器具、作业物载具、干燥设备等必要的器具和设备以及待滴胶作业物准备好，放置在相应的工位上。

② 将天平秤（或电子秤）、烤箱、作业物载具、工作台面放置或调整水平。

③ 用干爽、洁净的广口平底容器（具）称量好A胶，同时按比例称好B胶（一般为3 ：1重量比，体积比则为2.5 ：1）。

④ 用圆玻璃棒（或圆木棒）将A胶、B胶混合物搅拌，同时容器（具）最好倾斜45°角并不停转动，持续搅拌1 ～ 2min即可。

⑤ 将搅拌好的AB混合胶水，装入带尖嘴的软塑胶瓶内进行滴胶。

⑥ 滴胶面积稍大或滴胶水的数量较多时，为加速消除胶水中的气泡，可采用以液化气为燃料的火枪来催火消泡，消泡时火枪的火焰要调整到完全燃烧状态，且火焰离作业物表面最好保持25cm左右距离，火枪的行走速度也不能太快或太慢，保持适当速度即可。

⑦ 待气泡完全消除掉以后，就可将作业物以水平方式移入烤箱加温固化，温度调节应先以40℃左右烤30min再升高到60～70℃，直到胶水完全固化。

第二节

电镀处理

电镀是利用电化学方法在镀件表面沉积形成金属和合金镀层的工艺方法，也是饰品生产中应用最广泛的表面处理技术（图10-7～图10-12）。

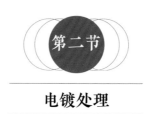

图10-7　Rose Bud戒指

图10-9　FOREVER 21手镯

图10-11　Sarah Magid耳坠

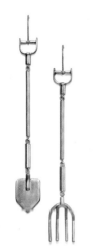

图10-8　Tory Burch耳坠　　　图10-10　Kumnara耳坠　　　图10-12　Silver By Mail戒指

一、饰品电镀的类别

饰品表面电镀的类别，通常分为两种类型。

1. 防护性镀层

防护性镀层，顾名思义其主要目的就是为了防止金属腐蚀而进行的表面镀层。

2. 装饰性镀层

装饰性镀层，则是以装饰性为主要目的，也兼具有一定的防护性。

二、饰品电镀常用金属

1. 电镀银

镀银层具有优良的导电性和可焊性，并有很强的反光能力和装饰性。银镀层与空气中的硫作用，极易产生氧化银和黑色硫化银，影响饰品外观。

2. 电镀金

金具有极高的化学稳定性，不被盐酸、硫酸、硝酸或碱腐蚀。金的导电性仅次于银和铜，导热性为银的70%，有极好的延展性。由于金的化学稳定性、导电性、易焊性好，在行业内用途广泛。

3. 电镀铜

铜镀层呈粉红色，均匀细致，不同工艺镀出的铜镀层色调略有所差异。电镀工艺中，铜镀层用途广泛，主要用来做底镀层、中间镀层，也可作为表面镀层、仿金电镀等。

4. 电镀镍

镍镀层用途十分广泛，对钢铁基体是阴极性防护层。在饰品行业中应用较多的镍镀层有半光亮镍、光亮镍、珍珠镍、黑镍等。

5. 电镀铑

铑镀层呈银白色，表面光泽强，不受大气中二氧化碳、硫化物腐蚀气体的影响，对酸、碱均有较高的稳定性，表现出抗腐蚀能力强的特点。铑镀层的硬度高，为银镀层的10倍，耐磨性好。

第三节

金属着色处理

金属的着色处理，可以给流行饰品带来更迷人的色彩，可以使饰品更加吸引人们的目光，增添无穷的魅力（图10-13～图10-16）。根据饰品的不同基体材料，通常有以下类型的着色工艺。

图10-13　Anatelier耳坠

图10-14　Noor Fares戒指

图10-15　Alex Woo
吊坠

图10-16　NEWLOOK耳坠

一、铜及铜合金饰品的化学着色工艺

铜及铜合金的表面着色实际上是使金属铜与着色溶液作用，形成金属表面的氧化物层、硫化物层及其他化合物膜层。选择不同的着色配方和条件，可得到不同的着色效果，可形成黑、褐、蓝、紫、绿等颜色。

二、银及其合金饰品的着色工艺

银及其合金着色是在其表面形成硫化物，可形成黑、蓝黑、淡灰、古银、绿等色调。

三、锌及其合金饰品的着色工艺

锌及其合金通过铬酸盐钝化处理，形成的表面转化膜也具有着色功能，一般可得到彩虹色、草绿色、黄褐色、黑色等多种色彩。

四、不锈钢饰品的氧化着色工艺

不锈钢氧化着色，也就是在不锈钢表面形成氧化着色层，即利用其本身无色透明的氧化膜，通过光的干涉进行着色，这种膜层形成的色泽经久耐用。

五、铝合金饰品的阳极氧化处理

铝合金饰品广泛采用阳极氧化的方法进行表面着色，铝是最容易着色的金属之一，通过阳极氧化处理，在铝表面形成厚而致密的氧化膜层，以显著改变铝合金的耐蚀性，提高硬度、耐磨性和装饰性能。

第四节

肌理处理

饰品通过工艺与设计相结合而形成的表面质感，称为肌理。不同的材质，不同的工艺技法，可以产生各种不同的肌理效果，并能创造出丰富的外在造型。

一、錾刻

錾刻工艺是指利用錾子在金属板上敲打出各种高低凹凸不平的装饰图案的肌理效果。完成一件精美的錾刻作品，需要十多道工艺程序，操作者除了要有良好的技术外，还要能根据加工对象的需要，自己打制出得心应手的錾刻工具，打制工件的金属板材，调制固定工件的专用胶料、配制焊药、摹绘图案。根据錾子的大小、粗细、形状，可以把錾子大致分为五种：刻线錾子、圆顶錾子、整平和压光錾子、做麻面或专做背景效果的錾子。不同类型的錾子，因其形状、大小、粗细以及錾子在金属板上的造型各不相同的排列方式，将产生不同的肌理效果（图10-17）。

图10-17   Oscar De LaRenta耳钉

二、锻造

锻造的制作原理就是通过退火的方式，使金属变软，然后通过锻打的方式将金属锻造成各种形态，也可以通过锻打在金属表面制作各种肌理效果，如方形、圆形线条等各种锤痕。在金属锻造成型的过程中，会不断地留下各种锤痕，根据用力的不同其大小有所变化。另外，如果将金属片直接放在其他有特殊肌理效果的坚硬物体上（如石块、木头）用木锤敲打，就可复制出此物体的表面肌理（图10-18）。

图10-18　Tory Burch项链

三、腐蚀

腐蚀的工艺原理，就是使用化学酸对金属表面进行腐蚀以获得斑驳的效果，肌理效果非常自然。在腐蚀之前，使用抗腐蚀油漆、液态沥青作为保护剂覆盖在金属表面不需要腐蚀的地方，将金属小心放入酸中，需要腐蚀的一面向上。腐蚀效果达到要求后，将之取出放入氨水中5～10min，以停止酸的腐蚀作用，再将金属板浸入专门溶解液几分钟，去除防腐蚀涂层（图10-19）。

图10-19　FOREVER 21手镯

四、烧皱

烧皱法是用焊枪将金属表面熔烧成波浪起伏状的肌理的方法。当一片金属的一面被加热至熔化的时候，另一面因为导热的原因开始变软，此时让它冷却，变软的一面会向中心收缩，比烧熔的一面冷却的略慢，因此产生褶皱的肌理效果。烧皱所产生的无规则的凹凸不平的肌理，有着自然、灵动的偶然成形效果（图10-20）。

图10-20   Saint Laurent耳坠

附录

流行饰品时尚品牌

第一节

香奈尔（Chanel）

附图1　Coco Chanel

附图2　Chanel标志

人们常说，在当今日新月异的时代背景下，还有哪个品牌能得到一家三代（祖母、母亲、孙女）的同时钟爱，那首推的就是"香奈尔"。"香奈尔"对整个世纪来说是"经典"，是"永远的时尚和个性"，更是一个"浪漫传奇"。

香奈尔品牌于1910年在法国巴黎创立，创始人名为Coco Chanel。香奈尔的产品种类繁多，有服装、珠宝饰品、配件、化妆品、香水，每一种产品都闻名遐迩。无论是服装、饰品配件，还是化妆品、香水，香奈尔品牌塑造了女性高贵、精美、优雅的形象，简练中见华丽、朴素而非贫乏，活泼且显年轻，实用但不失女性之优雅。1971年1月，Coco Chanel去世，享年88岁。Chanel的前主要设计师Karl Lagerfeld在1986年开始掌舵，他用新的手法，继续演绎着细致、奢华、永不褪流行的Chanel精神（附图1～附图6）。

附图3　Chanel项链

附图4　Chanel耳钉

附图5 Chanel
毛衣链

第二节

迪奥（Christian Dior）

克里斯汀·迪奥Christian Dior（简称CD），由法国时装设计师克里斯汀·迪奥在1946年创立，总部设在巴黎。主要经营女装、男装、首饰、香水、化妆品、童装等高档消费品。一直是华丽与高雅的代名词。他选用高档华丽、上乘的材料，迎合上流社会成熟女性的审美品位，表现出耀眼、光彩夺目的华丽与高雅，倍受时尚界关注。1957年，品牌创始人迪奥因心脏病去世后，Yves Saint Laurent（圣罗兰）、Marc Bohan及Gianfranco Ferre（费雷）先后担任公司设计师一职。1996年，迪奥公司迎来了最新一代的掌舵人——来自英国的设计师John Galliano。他极富个性且略带夸张的设计，令国际传媒将他称为高级时装的救世主。2012年，Raf Simons继John Galliano之后继任女装艺术总监（附图7～附图12）。

附图6 Chanel胸针

附图7 Christian Dior

附图8　Dior标志

附图10　Dior戒指

附图9　Dior项链

附图11　Dior发饰

附图12　Dior耳坠

第三节

薇薇安·维斯特伍德（Vivienne Westwood）

　　英国时装设计师，时装界的"朋克之母"。20世纪70年代，英国时尚设计师薇薇安·维斯特伍德，因其荒诞、古怪的设计和大胆的风格被称为"朋克之母"，在世界时尚界一举成名。此后，在30多年的设计生涯中，薇薇安·维斯特伍德不断求新，确立并巩固了她在世界时装领域中的大师地位。设计风格叛逆颠覆，完全不受世俗眼光的拘束（附图13～附图18）。

附图13　Vivienne Westwood

附图14　Vivienne Westwood标志

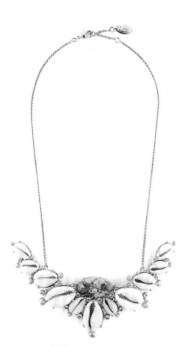

附图15　Vivienne Westwood项链

附图16　Vivienne Westwood手链

附图17　Vivienne Westwood耳坠

附图18　Vivienne Westwood戒指

第四节

三宅一生（ISSEY MIYAKE）

　　三宅一生是日本著名服装设计师，出生于1938年4月22日，他以极富工艺创新的服饰设计与展览而闻名于世。他根植于日本的民族观念、习俗和价值观，创建了自己的品牌并成为世界知名的优秀时尚品牌。一直以无结构模式进行设计，摆脱了西方传统的造型模式，而以深向的反思维进行创意。掰开、揉碎，再组合，形成惊人奇突的构造，同时又具有宽泛、雍容的内涵。这是一种基于东方制衣技术的创新模式，反映了日本式的关于自然和人生的哲学。三宅一生品牌的作品看似无形，却疏而不散。正是这种玄奥的东方文化的抒发，赋予作品以神奇的魅力（附图19～附图24）。

附图19　IsseyMiyake

附图20　Issey Miyake标志

附图21　Issey Miyake项链

附图22　Issey Miyake手镯　　　附图23　Issey　　　　附图24　Issey

　　　　　　　　　　　　　　　　Miyake毛衣链　　　　　　Miyake胸针

第五节

汤丽·柏琦（Tory Burch）

　　品牌成立于2004年2月，是一个实用的时尚生活方式品牌，源于经典的美国运动时装风格，充满无拘无束的活力与感觉。将设计师的审美观与价值观在市场上取得平衡，创作出时尚又适合所有年龄女性穿着的时装与配饰。迄今为止，Tory Burch的产品已在全美国、欧洲、中东、拉丁美洲及亚洲的170多家独立店面精品店、toryburch网站以及全球3000多家精选的商场和专卖店有售（附图25～附图30）。

附图25　Tory Burch　　　　　　附图26　Tory Burch标志

附图28　Tory Burch耳环

附图30　Tory Burch
戒指

附图27　Tory Burch项链

附图29　Tory Burch手镯

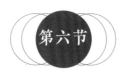

第六节

伊迪·波哥（Eddie Borgo）

　　品牌创建于2009年，来自美国纽约的伊迪·波哥是当今最红的朋克系首饰设计师。大量犀利、硬朗的铆钉元素，成为伊迪·波哥最鲜明的风格，强调前卫的几何感、建筑感，带着叛逆的摇滚味道。2008年，设计师伊迪·波哥为菲利林3.1（3.1 Phillip Lim）2009春夏女装秀设计了珠宝配饰，从而一举成名。接下来又与众多服装品牌合作。2010年，伊迪·波哥（Eddie Borgo）在第7届美国时装设计师协会大奖（CFDA Fashion Awards）颁奖典礼上收获了CFDA/《Vogue》时尚基金大奖次奖；2011年，伊迪·波哥（Eddie

Borgo）再次获得CFDA的青睐，获得2011年度美国时装设计师协会大奖（CFDA Fashion Awards）施华洛世奇（Swarovski）基金最具潜力配饰设计师大奖（附图31～附图36）。

附图31　Eddie Borgo（左一）

EDDIE BORGO

附图32　Eddie Borgo标志

附图33　Eddie Borgo项链

附图34　Eddie Borgo手镯

附图35 Eddie Borgo戒指

附图36 Eddie Borgo耳坠

参考文献

［1］袁军平，王昶.流行饰品材料及生产工艺［M］.武汉：中国地质大学出版社，2009.

［2］任进.首饰设计基础［M］. 武汉：中国地质大学出版社，2003.

［3］赵漫菲.服装与服饰品运用设计［M］.杭州：西泠印社出版社有限公司，2008.

［4］曲媛，周露露，马唯.服装配饰艺术设计［M］.长春：吉林美术出版社，2015.

［5］庄冬冬.首饰设计［M］.北京：中国纺织出版社，2017.

［6］唐立华，常霖.木饰品设计与生产［M］.长沙：湖南大学出版社，2015.

［7］（英）John Lau.时装设计元素：配饰设计［M］.毛琦译.北京：中国纺织出版社，2016.

［8］吴欧红.玻璃饰品设计［M］.北京：清华大学出版社，2014.

［9］张玉山.陶瓷饰品设计与生产［M］.长沙：湖南大学出版社，2017.

［10］（日）高桥创新出版工房，手工皮艺基础［M］.张雨晗译.北京：北京科学技术出版社，2015.

［11］（日）手工艺研究学院.皮革手工技法入门［M］.孟琰译.北京：化学工业出版社，2012.

［12］杜少勋.皮革制品造型设计［M］.北京：中国轻工业出版社，2011.

［13］刘霞.皮具的设计开发及其管理［M］.北京：中国轻工业出版社，2009.

［14］胡好，冯树.流行饰品高校设计教学思考与探索［J］.包装与设计，2012,（5）：104-106.

［15］于向涛.浅谈色彩结构与色彩创造的构思方法［J］.科技信息（科学教研），2007,（19）：418,427.

［16］刘小玲.浅谈流行趋势研究对时装设计的重要性［J］.大众文艺，2015,（1）：78.

［17］李中豪.曲线元素在首饰设计中的应用研究［J］.青年作家，2014,（18）：66.

［18］戎丹云.现代女装造型设计中几何模块的设计组合［J］.纺织学报，2015,（10）：128-133.